C程序设计习题解析及实践指导
（第2版）

郭伟青　赵建锋　何朝阳　主　编
吴　越　杜　丰　柴金良　副主编

电子工业出版社·
Publishing House of Electronics Industry
北京·BEIJING

图书在版编目（CIP）数据

C程序设计习题解析及实践指导 / 郭伟青，赵建锋，

何朝阳主编. -- 2版. -- 北京：电子工业出版社，

2025. 6. -- ISBN 978-7-121-50430-3

Ⅰ. TP312.8

中国国家版本馆 CIP 数据核字第 2025UD8455 号

责任编辑：贺志洪
印　　刷：三河市鑫金马印装有限公司
装　　订：三河市鑫金马印装有限公司
出版发行：电子工业出版社
　　　　　北京市海淀区万寿路 173 信箱　邮编 100036
开　　本：787×1092　1/16　印张：19.25　字数：492.8 千字
版　　次：2023 年 1 月第 1 版
　　　　　2025 年 6 月第 2 版
印　　次：2025 年 6 月第 1 次印刷
定　　价：59.00 元

凡所购买电子工业出版社图书有缺损问题，请向购买书店调换。若书店售缺，请与本社发行部联系，联系及邮购电话：（010）88254888，88258888。

质量投诉请发邮件至 zlts@phei.com.cn，盗版侵权举报请发邮件至 dbqq@phei.com.cn。

本书咨询联系方式：（010）88254609，hzh@phei.com.cn。

前　言

　　C 语言应用广泛，其丰富的功能、良好的兼容性一直备受程序设计者的欢迎，C 程序设计是高校理工科专业的必修课程，也是计算机等级考试的主要科目之一。

　　C 程序设计是一门应用性极强的课程。本书重点突出应用与实践，面向初学者，为学习 C 语言提供了丰富的典型应用案例，对 C 程序设计教材中的编程习题提供了参考程序，根据各章所学内容设计了相应的实践环节，为检测教学效果的需要，编写了模拟试题供教学选择。本书力求结合 C 程序设计教材内容，将理论应用于程序案例中、融于实践中，内容安排清晰，针对性强，便于学习。

　　本书分 11 章，在第 1 章至第 11 章中每章均包含了三个部分的内容：第一部分（各章第 1 节至第 3 节）内容为典型应用案例，结合所学理论编有若干典型程序，以巩固知识点；第二部分（各章第 4 节）内容为编程样题及参考程序，结合教材程序习题，给出参考程序，便于参考学习；第三部分（各章第 5 节）内容为习题，为培养学生的实际动手能力、分析问题解决问题的能力，精心设计了实践环节。本书附录 A 为模拟试题，为了对教学效果进行检测，编有多套模拟试卷，并提供参考答案，以供选用。本书是 C 程序设计课程的教学指导用书，是学习和实践该课程的必备用书，也可作为计算机等级考试的教学用书。

　　本书在编写过程中得到许多专家及同行的大力帮助，他们对本书内容的组织和编排提出了很多有益的建议，电子工业出版社和中国工信出版集团为本书的出版提供了大力支持和帮助，对此我们一并表示由衷的感谢和敬意！由于编者水平有限，本书编写内容难免存在不足，衷心感谢广大读者提出宝贵意见和建议，并予以批评指正！

编　者

目　　录

第 1 章　C 语言概述

本章学习目标

本章学习目标

- 了解 C 语言的基本特点和 C 语言程序的基本结构。
- 掌握 C 语言的编辑、编译、连接和运行程序的基本步骤和方法。

1.1　图　形　输　出

【程序说明】在空格处填写正确的内容，通过编辑、编译、连接、运行程序后在屏幕上显示如图 1.1 所示的图形。

```
/* 程序 c1-1.cpp */
_____(1)_____
_____(2)_____
{
    printf("@\n");
    printf("@@\n");
    printf("@@@\n");
    printf("@@@@\n");
    printf("@@@@@\n");
}
```

```
@
@@
@@@
@@@@
@@@@@
```

图 1.1　三角形图案

```
    @
   @@@
  @@@@@
   @@@
    @
```

图 1.2　菱形图案

1. 进一步练习：修改上例，使得运行后能显示图 1.2 所示的图形。

2. 分析换行符\n 的作用，删除一个或几个\n，观察程序运行的结果。将 5 个 printf 语句合并写成一个语句，显示输出同样的图形。

1.2　两数的求积

【程序说明】输入两个整数，求两数的乘积并显示结果。请分析以下程序，回答下面的问题。

```
/* 程序 c1-2.cpp */
#include <studio.h>
void mian()
{
    int num1,num2,product;
```

```
    printf("First number? ")
    scanf("%d",&num1);
    printf("Second number? ");
    scanf("%d,&num2");
    Product=num1*num2;
    printf("The product is %d.\n",product);
}
```

1. 程序中有若干处错误，利用编译、连接等调试工具检查程序中的错误，记录整理错误信息，分析理解错误信息的含义及产生错误的原因。修改程序，运行后计算出正确结果。

记录编译时的错误信息：

_____

_____

_____

记录连接（构件）时的错误信息：

_____

_____

_____

2. 运行时若输入两个小数（实数），该程序能否正确运行？如输入 0.5 和 12.6，输出结果是什么？

3. 进一步练习：修改本程序，使得运行后能正确计算并显示两个小数（实数）的乘积。

1.3 较大值的输出

【程序说明】输入两个整数或小数，比较它们的大小并输出较大的那个数。请根据右边提供的注释语句填写相应的程序代码，调试并运行，输出正确的结果。

```
/* 程序 c1-3.cpp */
_____        /* 头文件 */
_____        /* 主函数首部 */
_____        /* 主函数函数体开始 */
_____        /* 声明两个 int 或 float 类型变量 n1 和 n2 */
_____        /* 输入 n1 和 n2 的值 */
_____        /* 如果 n1>n2 */
_____        /* 输出 n1 */
_____        /* 否则 */
_____        /* 输出 n2 */
_____        /* 主函数函数体结束 */
```

1.4　编程样题及参考程序

【样题 1】编写程序，该程序运行后在屏幕上显示如下信息：

```
********************
Welcome to China!
********************
```

【参考程序】

```
#include <stdio.h>
void main()
{
    printf("********************\n");
    printf("Welcome to China!\n");
    printf("********************\n");
}
```

【样题 2】编写程序，该程序运行时输入两个数，按先大后小的顺序输出这两个数。

【参考程序】

```
#include <stdio.h>
void main()
{
    int n1,n2;
    scanf("%d%d",&n1,&n2);
    if(n1>n2)
        printf("%d %d\n",n1,n2);
    else
        printf("%d %d\n",n2,n1);
}
```

1.5　习　　题

1. 编写程序，输入三个整数，计算并输出这三个整数的和与乘积。

2. 某位学生的语文、数学、计算机课程的成绩分别是 90 分、82 分和 88 分，编写程序，计算并输出该生这三门课程的平均成绩。

第 2 章　数据类型和输入/输出

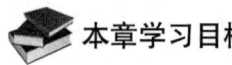**本章学习目标**

- 掌握数据类型的概念。
- 掌握整型、实型和字符型等数据类型的特点和表示方法。
- 掌握常量和变量的概念及使用。

2.1　整型和实型数据

【程序说明】分析以下程序，写出输出结果，并回答以下问题。

```
/* 程序 c2-1.cpp */
#include <stdio.h>
void main()
{
    short int a,b;
    float x,y,z;
    a=32767;a=a+1;
    b=-32768;b=b-1;
    printf("%d,%d\n",a,b);
    x=3.45;
    y=-7.689;
    z=x+y;
    a=x;
    b=y;
    printf("%f,%d,%d\n",z,a,b);
}
```

1. 如何理解程序编译时系统提示的警告信息？
2. 如何理解数据类型取值范围的概念？
3. 注意实型数据赋值到整型变量后的赋值结果。

2.2　字符型数据

【程序说明】分析以下程序，写出输出结果。

```
/* 程序 c2-2.cpp */
#include <stdio.h>
```

```
void main()
{
    char a,b,c;
    a='f';
    b=70;
    c=a+2;
    printf("%d,%d,%d\n",a,b,c);
    printf("%c,%c,%c\n",a,b,c);
    a='\101';
    b=0101;
    c=0x41;
    printf("%c,%c,%c\n",a,b,c);
    printf("%%\x21\t\"\n");
}
```

1. 理解两种字符数据的概念和表示形式。

2. 理解字符与 ASCII 码的关系。

3. 理解转义字符的概念和表示。掌握显示单引号、双引号、百分号、反斜杠等字符的方法；掌握换行、横向跳格、退格、回车等转义字符的应用。

2.3　求二次方值

【程序说明】编程，计算某个数 x 的二次方值 y，并以"y=x*x"和"x*x=y"的形式输出 x 和 y 的值*。如输入 7，则输出 49=7*7 和 7*7=49。请根据右边提供的注释信息编写相应的程序行，调试并运行程序，验证程序的正确性。

```
/* 程序 c2-3.cpp */

_____                /* 头文件 */
_____                /* 主函数首部 */
_____                /* 主函数函数体开始 */
_____                /* 声明两个变量 x 和 y */
_____                /* scanf 输入 x 的值 */
_____                /* 计算 y */
_____                /* 以 y=x*x 形式输出结果并换行 */
_____                /* 以 x*x=y 的形式输出结果 */
_____                /* 函数体结束 */
```

2.4　编程样题及参考程序

【样题 1】输入两个单精度浮点类型数据，求和并输出结果，输出时要求保留小数点后 1 位。

【参考程序】

```
#include <stdio.h>
void main()
```

---

* 为了保持代码和正文中描述的一致性，本书字母全用正体，特此说明。

```
{
    float x,y,s;
    scanf("%f%f",&x,&y);
    s=x+y;
    printf("%.1f\n",s);
}
```

【样题 2】输入一球体的半径，求该球体的体积并输出结果。

【参考程序】

```
#include <stdio.h>
#define PI 3.141593
void main()
{
    double r,v;
    scanf("%lf",&r);
    v=4.0/3*PI*r*r*r;
    printf("v=%f\n",v);
}
```

【样题 3】输入一字符，输出它在 ASCII 码表中的下一个字符。

【参考程序】

```
#include <stdio.h>
void main()
{
    char c1,c2;
    scanf("%c",&c1);
    c2=c1+1;
    printf("%c在ASCII码表中的下一个字符是%c\n",c1,c2);
}
```

2.5 习 题

1. 输入华氏温度值，输出对应的摄氏温度值。转换公式为 c=5×(f−32)/9，式中的 c 表示摄氏温度值，f 表示华氏温度值。

2. 输入存款金额 money、存期 year 和年利率 rate，根据下列公式计算存款到期时的利息 interest，输出时保留 2 位小数：interest=money(1+rate)^{year}−money

输入/输出示例：

输入：1000 3 0.035

输出：interest=108.72

第3章 运算符和表达式

本章学习目标

- 掌握 C 语言提供的各种运算符的功能、优先级和结合性。
- 掌握表达式的书写规则、表达式的应用及表达式值的计算方法。
- 掌握常用库函数的功能和使用。

3.1 常用算术运算

【**程序说明**】编程，输入 2 个整数 num1 和 num2，计算并输出它们的和、差、积、商与余数。

输入/输出示例：

输入：

5　3

输出：

5+3=8

5−3=2

5*3=15

5/3=1

5%3=2

```
/* 程序 c3-1.cpp */
#include <stdio.h>
void main()
{



}
```

1. 理解整数除的含义，掌握取余运算的概念及对运算量的类型要求。
2. 掌握符号 "%" 的显示方法。

3.2 表达式的求值

【程序说明】 分析以下程序，写出输出结果。

```
/* 程序 c3-2.cpp */
#include <stdio.h>
void main()
{
    int a=255,b=8,c=010;
    float x=2.5,y=4.7,z;
    printf("%x,%o,%d\n",a,b,c);
    printf("%d,%d\n",++a,b--);
    z=x+a%3*(int)(x+y)%2/4.0;
    printf("%8.3f\n",z);
    printf("%d,%d\n",!x==10==0==1,10>x>1);
}
```

1. 理解 C 程序中八进制、十六进制数的表示方法。
2. 掌握自增、自减运算的特点和应用。
3. 理解运算符的优先级、结合性等功能特点，掌握表达式正确求值的方法。

3.3 时间问题求解

【程序说明】 输入一个整数，表示时间秒数，转换成时间格式 hh:mm:ss 并输出。

```
/* 程序 c3-3.cpp */
#include <stdio.h>
void main()
{
    int n,h,m,s;
    scanf("%d",&n);
    h=_____(1)_____;    //计算小时数
    m=(n-3600*h)/60;
    s=_____(2)_____;     //计算秒数
    printf("%02d:%02d:%02d\n",h,m,s);
}
```

1. 在空格处填上正确的内容，分析程序的运行结果并加以验证。
2. 格式控制字符串"%02d:%02d:%02d"表示 3 个输出数据每个占 2 列，不足 2 列的左边补 0，数据之间用冒号分隔。

3.4 编程样题及参考程序

【样题 1】 输入 3 个字符，计算 ASCII 码值的和，并输出结果。

【参考程序】

```
#include <stdio.h>
void main()
{
    char c1,c2,c3;
    int s;
    scanf("%c%c%c",&c1,&c2,&c3);
    s=c1+c2+c3;
    printf("s=%d\n",s);
}
```

【样题 2】输入 x，计算 y 的值，并输出结果。

$$y=\sqrt{x-5}+\log_{10}x$$

【参考程序】

```
#include <stdio.h>
#include <math.h>
void main()
{
    float x,y;
    scanf("%f",&x);
    y=sqrt(x-5)+log10(x);
    printf("y=%f\n",y);
}
```

【样题 3】输入 1 个 3 位整数，计算各位数字的三次方和，并输出结果。

【参考程序】

```
#include <stdio.h>
#include <math.h>
void main()
{
    int x,a,b,c,y;
    scanf("%d",&x);
    a=x/100;
    b=x/10%10;
    c=x%10;
    y=pow(a,3)+pow(b,3)+pow(c,3);
    printf("%d\n",y);
}
```

3.5　习　　题

1. 编程。以 hh:mm:ss 的形式输入一个时间，计算该时间包含的总秒数并输出结果。

2. 库函数示例。在空格处填入正确的内容，分析程序的运行结果，并加以验证。

```
#include <stdio.h>
#include _____(1)_____
#include _____(2)_____
void main()
{
    double x,y;
    char c1,c2;
```

```
    c1=_____(3)_____;            /* 输入一个字符，赋值给变量 c1 */
    c2= tolower(c1);
    printf("%c,%c,%d\n",c1,c2,isalpha(c1));
    scanf("__(4)___",&x);
    y=_____(5)_____;         /* 计算 x 绝对值的二次方根 */
    printf("%f\n",y);
}
```

第 4 章 结构化程序设计

本章学习目标

- 熟练掌握 if 和 switch 语句的语法及使用。
- 掌握利用分支控制语句编写选择结构程序的方法。
- 熟练掌握 while、do-while、for 语句的语法及使用。
- 掌握 break、continue 语句在循环控制中的应用。
- 掌握利用循环控制语句编写循环结构程序的方法。

4.1 if 和 switch 语句的使用

4.1.1 判断奇数和偶数

【程序说明】分析以下程序，分别写出当输入 12、9、-31、0 时的输出结果。

```
/* 程序 c4-1-1.cpp */
#include <stdio.h>
void main()
{
    int x;
    scanf("%d",&x);
    if(x%2!=0)
        printf("%d是奇数\n",x);
    else
        printf("%d是偶数\n",x);
}
```

1. 将程序 c4-1-1.cpp 的 if 语句改成如下条件表达式语句实现。

```
(x%2!=0)?printf("%d是奇数\n",x):printf("%d是偶数\n",x);
```

2. 将程序 c4-1-1.cpp 的 if 语句改成如下 switch 结构实现。

```
switch(x%2)
{
    case 1:printf("%d是奇数\n",x);break;
    case 0:printf("%d是偶数\n",x);
}
```

3. 将修改后的程序重新反复运行，输入相应的数值，检验结果是否完全正确。

4. 通过以上例子，掌握 if 语句、条件表达式语句和 switch 语句的特点以及在分支结构程序设计中的具体应用。

4.1.2　if 语句结构

【程序说明】分析以下程序，回答问题。

```
/* 程序 c4-1-2.cpp */
#include <stdio.h>
void main()
{
    int i, j, k;
    scanf("%d",&i);
    j = k = 0;
    if((i/10) > 0)    /* 第 7 行 */
        j = i;
    if((i != 0) && (j == 0))
        k = i;
    else
        k = -1;       /* 第 12 行 */
    printf("j=%d, k=%d\n",j,k);
}
```

1. 程序运行时，输入 5，输出_____。

A. j=0, k=5　　　　　B. j=5, k=5　　　　　C. j=0, k=-1　　　　　D. j=5, k=-1

2. 程序运行时，输入 99，输出_____。

A. j=99, k=-1　　　　B. j=0, k=-1　　　　C. j=0, k=99　　　　D. j=99, k=99

3. 将第 12 行改为"k=-1; j=i/10;"后，程序运行时，输入 99，输出_____。

A. j=99, k=-1　　　　B. j=9, k=99　　　　C. j=99, k=99　　　　D. j=9, k=-1

4. 将第 7 行改为"if((i/10)>0){"，第 12 行改为"k=-1;}"后，程序运行时，输入 5，输出_____。

A. j=0, k=-1　　　　B. j=0, k=0　　　　C. j=5, k=5　　　　D. j=5, k=-1

4.1.3　3 个数的排序

【程序说明】输入 3 个数，按升序排列后输出。

```
/* 程序 c4-1-3.cpp */
#include <stdio.h>
void main()
{
    int a,b,c,t;
    scanf("%d%d%d",&a,&b,&c);
    if(a>b)
    {                   //第 7 行
        t=a;
        a=b;
        b=t;
    }                   //第 11 行
    if(a>c){t=a;a=c;c=t;}              //第 12 行
    if(b>c)t=b,b=c,c=t;
```

```
    printf("%d %d %d\n",a,b,c);
}
```

1. 前两个 if 语句执行以后，3 个数中的最小值位于什么位置？
2. 程序中 3 个 if 语句的写法各有什么特点？
3. 掌握复合语句的应用。如果将程序中的第 7 行、第 11 行删除，或删除第 12 行中的一对大括号，再运行程序，输入不同的值，分析验证程序的输出结果。

4.2　while、do-while 和 for 语句的使用

4.2.1　求和

【程序说明】编程，输入一个正整数 m（要求满足 0≤m≤100），计算表达式 m+(m+1)+(m+2)+……+100 的值。例如，输入 10，计算 10+11+12+……+100 的值。

/* 程序 c4-2-1.cpp */	/* 程序 c4-2-2.cpp */	/* 程序 c4-2-3.cpp */

1. 分别使用 while、do-while、for 语句构成循环结构实现求和，并对这 3 种循环结构程序进行比较分析。
2. 根据题目描述，程序中的 m 有明确的取值范围要求，如何才能确保程序运行时只能输入 0～100 之间的整数？

4.2.2　最大公约数和最小公倍数

【程序说明】输入 m、n（要求输入数均大于 0），输出它们的最大公约数。

```
/* 程序 c4-2-4.cpp */
#include <stdio.h>
void main()
{
    int m,n,k;
    while(scanf("%d%d",&m,&n),m<=0||n<=0);
    for(k=(m>n)?n:m;n%k!=0||m%k!=0;k--);
```

```
    printf("%d\n",k);
}
```

1. 分析上述程序，理解程序功能。
2. 下面是改写后的程序，功能与上面的程序完全相同，请对照着分析。

```
#include <stdio.h>
void main()
{
    int m,n,k;
    scanf("%d%d",&m,&n);
    while(m<=0||n<=0)
        scanf("%d%d",&m,&n);
    k=(m>n)?n:m;
    for(;;k--)
        if(n%k==0 && m%k==0)break;
    printf("%d\n",k);
}
```

3. 输入 m、n（要求输入数均大于 0），输出它们的最小公倍数。请修改注释行下面的错误，并调试运行，验证程序的正确性。

```
/* 程序 c4-2-5.cpp */
#include <stdio.h>
void main()
{
    int m,n,k;
    /****1*****/
    while(scanf("%d%d",&m,&n),m<0&&n<0);
    for(k=m;k%n!=0;)
        /*****2****/
        k=k+m%n;
    printf("%d\n",k);
}
```

4.3　循环嵌套结构的使用

【程序说明】打印图案。输入 n（0<n<10）后，输出 1 个数字金字塔。如输入 n 为 4，则输出：

```
       1
      222
     33333
    4444444
/* 程序 c4-3-1.cpp */
#include <stdio.h>
void main()
{
    int i,j,n;
    /***** 1 *****/
    scanf("%d",n);
    for(i=1;i<=n;i++)
    {
```

```
    for(j=1;j<=n+1-i;j++)
        putchar(' ');
    for(j=1;j<=2*i-1;j++)
        putchar((char)(i+48));
/****** 2 *****/
    putchar(\n);
    }
}
```

1. 修改程序中注释行下面的错误，调试程序并运行，验证程序的正确性。

2. 下面的程序运行时输出显示以下结果，请在空格处填入正确的内容，调试并运行程序。

```
                    abcdefg
                     abcde
                      abc
                       a
/* 程序 c4-3-2.cpp */
#include <stdio.h>
void main()
{
    int i,j; char k;
    for(i=1;i<=4;i++)
    {
        for(j=1;j<i;j++)
            putchar(' ');
_____1_____;
        for(j=9-2*i;j>0;j--)
        {
            k=(char)k++;
            printf("%c",____2____);
        }
        putchar('\n');
    }
}
```

3. 对程序 c4-3-1.cpp 和程序 c4-3-2.cpp 进行对比分析，理解程序功能，总结此类图案打印的一般规律和方法。

4.4　编程样题及参考程序

【样题 1】输入 1 个实数，输出它的平方根值，如果输入数小于 0，则输出"输入数据错误"的提示。

【参考程序】

```
#include <stdio.h>
#include <math.h>
void main()
{
    float x,y;
    scanf("%f",&x);
    if(x>=0)
    {
        y=sqrt(x);
```

```
        printf("%f\n",y);
    }
    else
        printf("输入数据错误\n");
}
```

【样题 2】编程序，输入 3 个单精度数，输出其中最小数。

【参考程序】

```
#include <stdio.h>
void main()
{
    float x,y,z,min;
    scanf("%f%f%f",&x,&y,&z);
    min=x;
    if(y<min) min=y;
    if(z<min) min=z;
    printf("min=%f\n",min);
}
```

【样题 3】用 if 语句编写程序，输入 x 后按下式计算 y 值并输出。

$$y=\begin{cases} \sin x+2*x^2+10 & 0\leqslant x\leqslant 8 \\ |x-3*x^3-9| & x<0 \text{ 或 } x>8 \end{cases}$$

【参考程序】

```
#include <stdio.h>
#include <math.h>
void main()
{
    double x,y;
    scanf("%lf",&x);
    if(x>=0 && x<=8)
        y=sin(x)+2*x*x+10;
    else
        y=fabs(x-3*pow(x,3)-9);
    printf("y=f(%f)=%f\n",x,y);
}
```

【样题 4】编程序，输入一个百分制的成绩 t 后，按下式输出它的等级，要求分别写作 if 结构和 switch 结构。90～100 为 "A"，80～89 为 "B"，70～79 为 "C"，60～69 为 "D"，0～59 为 "E"。

【参考程序 1】

```
#include <stdio.h>
void main()
{
    int x;
    char g;
    scanf("%d",&x);
    if(x>=90)
        g='A';
    else
        if(x>=80)
            g='B';
        else
            if(x>=70)
```

```
            g='C';
        else
            if(x>=60)
                g='D';
            else
                g='E';
    putchar(g);
}
```

【参考程序 2】

```
#include <stdio.h>
void main()
{
    int x;
    char g;
    scanf("%d",&x);
    if(x>100 || x<0)
        printf("Input Error!");
    else
    {
        switch(x/10)
        {
            case 10:
            case 9:g='A';break;
            case 8:g='B';break;
            case 7:g='C';break;
            case 6:g='D';break;
            case 5:
            case 4:
            case 3:
            case 2:
            case 1:
            case 0:g='E';
        }
    putchar(g);
    }
}
```

【样题 5】 输入 3 个字符后，按各字符 ASCII 码从小到大的顺序输出这些字符。

【参考程序】

```
#include <stdio.h>
void main()
{
    char a,b,c,t;
    a=getchar();
    b=getchar();
    c=getchar();
    if(a>b)
    {
        t=a;
        a=b;
        b=t;
    }
    if(a>c){t=a;a=c;c=t;}
    if(b>c)t=b,b=c,c=t;
    printf("%c %c %c\n",a,b,c);
}
```

【样题 6】编一个程序显示 ASCII 代码 0X20～0X6f 的十进制数值及其对应字符。

【参考程序】

```
#include <stdio.h>
void main()
{
    int n;
    for(n=0x20;n<=0x6f;n++)
        printf("%d\t%c\n",n,n);
}
```

【样题 7】若一个 3 位整数的各位数字的立方之和等于这个整数，则称为"水仙花数"。例如，153 是水仙花数，因为 $153=1^3+5^3+3^3$，求所有的水仙花数。

【参考程序】

```
#include <stdio.h>
void main()
{
    int n,a,b,c;
    for(n=100;n<=999;n++)
    {
        a=n/100;
        b=n/10%10;
        c=n%10;
        if(n==a*a*a+b*b*b+c*c*c)
            printf("%d\n",n);
    }
}
```

【样题 8】编一个程序，求斐波那契（Fibonacci）序列：1，1，2，3，5，8，……，请输出前 20 项的值。序列满足关系式：$F_n=F_{n-1}+F_{n-2}$

【参考程序】

```
#include <stdio.h>
void main()
{
    int f1,f2,f3,n;
    f1=f2=1;
    printf("%d,%d,",f1,f2);
    for(n=3;n<=20;n++)
    {
        f3=f1+f2;
        printf("%d,",f3);
        f1=f2;
        f2=f3;
    }
}
```

【样题 9】编一个程序，利用格里高利公式求 π 值：π/4=1-1/3+1/5-1/7+……。精度要求最后一项的绝对值小于 1e-5。

【参考程序】

```
#include <stdio.h>
#include <math.h>
void main()
{
    double pi,t,i,f;
```

```
    pi=t=i=f=1;
    while(fabs(t)>=1e-5)
    {
        i=i+2;
        f=-f;
        t=f*1/i;
        pi+=t;
    }
    printf("pi=%f\n",4*pi);
}
```

【样题 10】输入一组成绩（0～100 之间），以-1 作为输入结束标志，求平均成绩。

【参考程序】

```
#include <stdio.h>
void main()
{
    double x,s=0;
    int n=0;
    scanf("%lf",&x);
    while(x!=-1)
    {
        s+=x;
        n++;
        scanf("%lf",&x);
    }
    s/=n;
    printf("AVE=%f\n",s);
}
```

【样题 11】用"辗转相除法"对输入的两个正整数 m 和 n 求其最大公约数和最小公倍数。

【参考程序】

```
#include <stdio.h>
void main()
{
    int x,y,m,n,r;
    scanf("%d%d",&x,&y);
    m=x,n=y;
    r=m%n;
    while(r!=0)
    {
        m=n;
        n=r;
        r=m%n;
    }
    printf("%d\t%d\n",n,x*y/n);
}
```

【样题 12】求 S_n=a+aa+aaa+……+aa……a（n 个 a）的值，其中 a 代表 1 到 9 中的一个数字。例如，a 代表 2，则求 2+22+222+2222+22222（此时 n=5），a 和 n 由键盘输入。

【参考程序】

```
#include <stdio.h>
void main()
{
    int a,n,s,t,i;
    scanf("%d%d",&a,&n);
    s=t=0;
```

```
    for(i=1;i<=n;i++)
    {
        t=t*10+1;
        s=s+t;
    }
    s=s*a;
    printf("s=%d\n",s);
}
```

【样题 13】输入 x、n，计算多项式 1-x+x*x/2!-x*x*x/3!+……前 n+1 项的和。

【参考程序】

```
#include <stdio.h>
#include <math.h>
void main( )
{
    float x,s=1,t=1;
    int n,i;
    scanf("%f%d",&x,&n);
    for(i=1;i<=n;i++)
    {
        t = -t * x/i;
        s += t;
    }
    printf("%f\n",s);
}
```

【样题 14】找出 1000 以内的所有完数，并输出其因子（一个数若恰好等于它的因子之和，则这个数称为完数，如 6=1+2+3）。

【参考程序】

```
#include <stdio.h>
void main()
{
    int i,j,s;
    for(i=1;i<=1000;i++){
        s=0;
        for(j=1;j<i;j++)
            if(i%j==0)s+=j;
        if(s==i)printf("%d\n",s);
    }
}
```

【样题 15】输入一个正整数，输出它的所有质数因子。

【参考程序】

```
#include <stdio.h>
void main()
{
    int n,i;
    scanf("%d",&n);
    i=2;
    while(n>1)
        if(n%i==0)
            {printf("%d\t",i); n/=i;}
        else
            i++;
}
```

4.5 习　　题

1. 输入三角形的三条边长，计算并输出三角形的面积。如果输入的三条边长不能构成三角形，则给出相应的提示信息。

2. 输入一个百分制成绩，输出相应的成绩等级，85 以上为 A，60～84 为 P，60 以下为 F。

3. 阅读以下程序，回答问题。

```
#include <stdio.h>
void main( )
{
   int k;
   for(k - 5; k > 0; k--){
      if(k==3)
         continue;  /* 第7行 */
      printf("%d ", k);
   }
}
```

（1）程序的输出是_____。

A. 5 4 3 2 1　　　　　　B. 5 4 2 1　　　　　　C. 5 4　　　　　　D. 3

（2）将第 7 行中的 continue 改为 break 后，程序的输出是_____。

A. 5 4 3 2 1　　　　　　B. 5 4 2 1　　　　　　C. 5 4　　　　　　D. 3

（3）将第 7 行中的 continue 删除（保留分号）后，程序的输出是_____。

A. 5 4 3 2 1　　　　　　B. 5 4 2 1　　　　　　C. 5 4　　　　　　D. 3

（4）将第 7 行全部删除后，程序的输出是_____。

A. 5 4 3 2 1　　　　　　B. 5 4 2 1　　　　　　C. 5 4　　　　　　D. 3

4. 阅读以下程序，回答问题。

```
#include <stdio.h>
void main()
{
   int i,m;
   scanf("%d",&m);
   for(i=2;i<=m/2;i++)
      if(m%i==0){
         printf("%d#",i);
         break;          /*第9行*/
      }
   printf("%d",i);
}
```

（1）程序运行时，若输入为 5，则输出为_____。

（2）若输入为 9，则输出为_____。

（3）将第 9 行改为"continue;"，若输入为 9，则输出为_____。

（4）将第 9 行改为";"，若输入为 9，则输出为_____。

5. 分析以下 4 个程序，写出输出结果。

【程序 1】

```c
#include <stdio.h>
void main()
{   int j, k, s1, s2;
    s1 = s2 = 0;
    for(j = 1; j <= 5; j++){
        s1++;
        for(k = 1; k <= j; k++)
            s2++;
    }
    printf("%d %d", s1, s2);
}
```

【程序 2】

```c
#include <stdio.h>
void main()
{   int j, k, s1, s2;
    s1 = 0;
    for(j = 1; j <= 5; j++){
        s1++;
        for(k = 1, s2 = 0; k <= j; k++)
            s2++;
    }
    printf("%d %d", s1, s2);
}
```

【程序 3】

```c
#include <stdio.h>
void main()
{   int j, k, s1, s2;
    s1 = 0;
    for(j = 1; j <= 5; j++){
        s1++;
        for(k = 1; k <= j; k++, s2 = 0)
            s2++;
    }
    printf("%d %d", s1, s2);
}
```

【程序 4】

```c
#include <stdio.h>
void main()
{   int j, k, s1, s2;
    s1 = s2 = 0;
    for(j = 1; j <= 5; j++, s1 = 0){
        s1++;
        for(k = 1; k <= j; k++)
            s2++;
    }
    printf("%d %d", s1, s2);
}
```

（1）程序 1 的输出为_____。

（2）程序 2 的输出为_____。

（3）程序 3 的输出为_____。

（4）程序 4 的输出为_____。

6. 【程序说明】求 1+2/3+3/5+4/7+5/9+……的前 20 项之和。选择正确的选项填空。

运行示例：sum=11.239837

【程序】

```
#include <stdio.h>
void main()
{
    int i, b = 1;
    double s;
    ____(1)____;
    for(i = 1; i <= 20; i++){
        s = s +____(2)____;
        ____(3)____
    }
    printf(____(4)____,s);
}
```

（1）A. s=0　　　　　　B. s=1　　　　　　　C. s=−1　　　　　　D. s=2

（2）A. i/b　　　　　　B. double(i)/double(b)　C. i/2*i−1　　　　D. (double)i/(double)b

（3）A. ;　　　　　　　B. b=2 * i−1;　　　　C. b=1.0 * b;　　　　D. b=b + 2;

（4）A. "sum=%d\n"　　B. "s=%c\n"　　　　　C. "sum=%f\n"　　　　D. "s=%s\n"

7. 【程序说明】输入一个正整数 n，计算 s=1−1/3+1/5−1/7……前 n 项之和。在空格处填入正确的内容。

【程序】

```
#include <stdio.h>
main()
{ int denominator,flag,i,n;
  double item,sum;
  printf("Enter n:");
  scanf("%d",&n);
  denominator=1;
  ____(1)____;
  sum=0;
  for(i=1;____(2)____;i++){
    ____(3)____
    sum=sum+item;
    ____(4)____
    denominator=denominator+2;
  }
  printf("Sum=%.2f\n",sum);
}
```

8. 【程序说明】求 1～999 之间所有满足各位数字的立方和等于它本身的数。例如，153 的各位数字的立方和是 $1^3+5^3+3^3=153$。选择正确的选项填空。

运行示例：1 153 370 371 407

【程序】

```
#include <stdio.h>
main()
{
    int digit, j, sum, x;
    for(j = 1; j < 1000; j++){
```

```
        (1)
        (2)
    do{
            (3)
        sum = sum + digit * digit * digit;
        x = x / 10;
    }while(     (4)     );
    if( sum == j) printf("%d  ", sum);
    }
}
```

（1）A. sum=0;　　　B. sum=1;　　　C. sum=j;　　　D. ;
（2）A. x=1;　　　　B. x=j;　　　　C. ;　　　　　D. x=sum;
（3）A. digit=x / 10;　B. ;　　　　　C. digit=x % 10;　D. digit=x;
（4）A. x==0　　　　B. j !=0　　　　C. j==0　　　　D. x !=0

9.【程序说明】输入 1 个整数后，输出该数的位数，若输入 3214 则输出 4，输入−23156则输出 5。在空格处填入正确的内容。

```
#include <stdio.h>
void main()
{   int n,k=0;
    scanf("%d",&n);
    while(     (1)     ) {
      k++;
          (2)     ;
    }
    printf("%d\n",k);
}
```

10.【程序说明】输入 1 个正整数，按照从高位到低位的顺序输出各位数字。选择正确的选项填空。

运行示例：

Enter an integer: 1902

The digits are: 1 9 0 2

【程序】

```
#include <stdio.h>
void main()
{
    int digit, number, power, t;
    printf("Enter an integer:");
    scanf("%d", &number);
    number = number < 0 ? -number : number;
    power = 1;
        (1)
    while(     (2)     ){
        power *= 10;
        t /= 10;
    }
    printf("The digits are:");
    while(     (3)     ){
        digit = number / power;
        printf("%d " , digit);
            (4)
        power /= 10;
```

```
    }
}
```

（1）A. t=1;　　　　　B. t=number;　　　　　C. ;　　　　　D. number=1;

（2）A. t>=10　　　　　B. power>=100　　　　C. t !=0　　　　D. number !=0

（3）A. power==0　　　B. digit !=0　　　　C. number !=0　　　D. power>=1

（4）A. number/=power;　　　　　　　　B. number %=10;

　　　C. number %=power;　　　　　　　D. number /=10;

11. 【程序说明】输入 2 个整数 lower 和 upper，输出一张华氏-摄氏温度转换表，华氏温度的取值范围是[lower，upper]，每次增加 2℉。计算公式：c=5×(f-32)/9（输出时保留一位小数）。在空格处填入正确的内容。

【程序】

```
#include <stdio.h>
void main()
{
    int fahr,lower,upper;
    double celsius;
    printf("Enter lower:");
    scanf("%d",&lower);
    printf("Enter upper:");
    scanf("%d",&upper);
    printf("fahr  celsius\n");
    for(fahr=lower;_____(1)_____; _____(2)_____){
        celsius=_____(3)_____;
        printf("  %d_____(4)_____\n",fahr,celsius);
    }
}
```

12. 分析以下程序，回答问题。

【程序】

```
#include <stdio.h>
void main()
{   int op1, op2, res;
    char operator;
    scanf("%d", &op1);
    operator = getchar();
    while(operator != '='){
        scanf("%d", &op2);
        switch(operator){
            case '+': res = op1+op2; break;
            case '-': res = op1-op2; break;
            case '*': res = op1*op2; break;
            case '/': res = op1/op2; break;
            default: res = 0;
        }
        op1 = res;
        operator = getchar();
    }
    printf("%d\n", res);
}
```

（1）程序运行时，若输入为 2*3-2=，则输出为_____。

A. 6　　　　　　　B. 2　　　　　　　C. 0　　　　　　　D. 4

（2）程序运行时，若输入为 15+2/3=，则输出为＿＿＿＿＿＿。

A. 16　　　　　　　B. 15　　　　　　　C. 6　　　　　　　D. 5

（3）程序运行时，若输入为 1+2*10−10/2=，则输出为＿＿＿＿＿＿。

A. 10　　　　　　　B. 16　　　　　　　C. 15　　　　　　　D. 25

（4）程序运行时，若输入为 1+3*5/2−7=，则输出为＿＿＿＿＿＿。

A. 3　　　　　　　B. 1　　　　　　　C. −2　　　　　　　D. −3

13. 编写程序，输入一批学生的成绩，遇 0 或负数则输入结束，要求统计并输出优秀（大于等于 85）、通过（60～84）和不及格（小于 60）的学生人数。

运行示例：

```
Enter scores: 88 71 68 70 59 81 91 42 66 77 83 0
>=85: 2
60-84: 7
<60: 2
```

14. 编写程序，输入 100 个学生的英语成绩，统计并输出该门课程的平均分以及不及格学生的人数。

第5章 利用数组处理批量数据

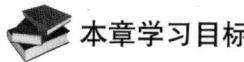 **本章学习目标**

- 掌握数组的概念、定义和数组元素的引用方法。
- 掌握一维数组、二维数组在程序设计中的应用。
- 掌握字符数组和字符串的应用。

5.1 一维数组应用

【程序说明】输入 n 及 n 个数据（不多于 100 个），求平均值，将大于平均值的数据打印出来。

```
/* 程序 c5-1.cpp */
#include <stdio.h>
void main()
{
    _____    /* 数组、变量声明 */
    _____    /* 输入 n 的值 */
    _____    /* 循环 */
    _____    /* 输入 n 个数，存入数组 */
    _____    /* 循环 */
    _____    /* 求 n 个数的总和 */
    _____    /* 求平均值 */
    _____    /* 循环 */
    _____    /* 输出大于平均值的数据 */
}
```

1. 根据注释说明，编写程序。
2. 调试运行程序，验证程序的正确性。
3. 改写程序，将输入数组元素和求和的过程合并在一个循环中实现。

5.2 矩 阵 运 算

【程序说明】将 3 行 3 列数组 a 的每 1 行均除以该行上绝对值最大的元素，然后将 a 数组的数据打印出来。

```
/* 程序 c5-2.cpp */
#include <stdio.h>
#include <math.h>
void main()
{
    float ____(1)____={{1.3,-2.7,3.6},{2,3,-4.7},{3,4,1.27}};
    float x; int i,j;
    for(i=0;i<3;i++){
        ____(2)____;
        for(j=1;j<3;j++)
            if(____(3)____) x=fabs(a[i][j]);
        for(j=0;j<3;j++)
            a[i][j]=____(4)____;
    }
    for(i=0;i<3;i++){
        for(j=0;j<3;j++)
            printf("%10.6f",a[i][j]);
        printf("\n");
    }
}
```

1. 分析以上程序，在空格处填上正确的内容。

2. 调试运行程序，验证程序的正确性。

5.3 字符数组应用

【程序说明】输入一个以回车结束的字符串，判断该字符串是否对称（正序与逆序相同，如 "aBc2cBa" 为对称字符串）。

1. 编程思路一：将输入的字符串按逆序存放到另一个字符数组中，比较两者是否相同，若是，则为对称字符串。参考程序如下：

```
/* 程序 c5-3-1.cpp */
#include <stdio.h>
#include ____(1)____
void main()
{ int i,length;
  char str1[80],str2[80];
  printf("Enter a string: ");
  gets(str1);
  length=____(2)____;
  for(i=0;i<length;i++)
        ____(3)____;
  str2[i]='\0';
  if(____(4)____)
     printf("Yes\n");
  else
     printf("No\n");
}
```

分析以上程序，在空格处填上正确的内容。调试运行程序，验证程序的正确性。

2. 编程思路二：对输入的字符串首尾字符两两比较，即第 1 位与最后 1 位比较、第 2 位与倒数第 2 位比较……，如果每一对字符均相等，则为对称字符串。参考程序如下：

```
//程序 c5-3-2.cpp
#include <stdio.h>
#include <string.h>
void main()
{ int i,length;
  char str[80];
  printf("Enter a string: ");
  gets(str);
  length=strlen(str);
  for(i=0;_____(1)_____;i++)
      if(_____(2)_____)break;
  if(i>=length/2)
      printf("Yes\n");
  else
      printf("No\n");
}
```

分析以上程序，在空格处填上正确的内容。调试运行程序，验证程序的正确性。

5.4　编程样题及参考程序

【样题 1】编写程序，输入单精度型一维数组 a[10]，计算并输出 a 数组中所有元素的平均值。

【参考程序】

```
#include <stdio.h>
void main()
{
    float a[10],s=0;
    int i;
    for(i=0;i<10;i++)
    {
        scanf("%f",&a[i]);
        s+=a[i];
    }
    s=s/10;
    printf("Ave=%f\n",s);
}
```

【样题 2】求一个 3×3 矩阵对角线元素之和。

【参考程序】

```
#include <stdio.h>
void main()
{
    float a[3][3],s=0;
    int i,j;
    for(i=0;i<3;i++)
        for(j=0;j<3;j++)
            scanf("%f",&a[i][j]);
    for(i=0;i<3;i++)
        for(j=0;j<3;j++)
            if(i==j || i+j==2)s=s+a[i][j];
    printf("S=%f\n",s);
}
```

【样题 3】 编程序，按下列公式计算 s 的值（其中 x_1、x_2、……、x_n 由键盘输入，x_0 是 x_1、x_2、……、x_n 的平均值）。

$$s = \sum_{r=1}^{n} (x_i - x_0)^2$$

【参考程序】

```c
#include <stdio.h>
#define N 5
void main()
{
    float x[N+1]={0},s=0;
    int i;
    for(i=1;i<=N;i++)
    {
        scanf("%f",&x[i]);
        x[0]=x[0]+x[i];
    }
    x[0]=x[0]/N;
    for(i=1;i<=N;i++)
        s=s+(x[i]-x[0])*(x[i]-x[0]);
    printf("S=%f\n",s);
}
```

【样题 4】 输入一个字符串，将其中所有大写字母改为小写字母，并把所有小写字母改为大写字母，然后输出。

【参考程序】

```c
#include <stdio.h>
void main()
{
    char a[80];
    int i;
    gets(a);
    for(i=0;a[i]!='\0';i++)
        if(a[i]>='A' && a[i]<='Z')
            a[i]=a[i]+32;
        else
            if(a[i]>='a' && a[i]<='z')
                a[i]=a[i]-32;
    puts(a);
}
```

【样题 5】 某班 50 名学生的成绩表如下：

	课程一	课程二	课程三
	……	……	……

试编写一个程序，输入这 50 名学生的三科成绩，计算并输出每科成绩的平均分。

【参考程序】

```c
#include <stdio.h>
#define N 5
void main()
{
    float a[N][3],ave[3]={0};
    int i,j;
    for(i=0;i<N;i++)
        for(j=0;j<3;j++)
```

```
        {
            scanf("%f",&a[i][j]);
            ave[j]=ave[j]+a[i][j];
        }
    printf("ave1=%.1f,ave2=%.1f,ave3=%.1f\n",ave[0]/N,ave[1]/N,ave[2]/N);
}
```

【样题 6】输入 10 个数，保存在数组 a 中，找出其中的最小数与第一个数交换位置，再输出这 10 个数。

【参考程序】

```
#include <stdio.h>
void main()
{
    int a[10],i,k,t;
    for(i=0;i<10;i++)
        scanf("%d",&a[i]);
    k=0;
    for(i=1;i<10;i++)
        if(a[i]<a[k])k=i;
    t=a[0];
    a[0]=a[k];
    a[k]=t;
    for(i=0;i<10;i++)
        printf("%d ",a[i]);
}
```

【样题 7】假设有 10 个数存放在数组 a 中，并且已经按照从小到大的顺序排列，现输入一个数，将其插入到数组 a 中，要求保持数组 a 的有序性。

【参考程序】

```
#include <stdio.h>
void main()
{
    int a[11]={-8,1,3,7,12,23,45,66,87,102},i,x;
    scanf("%d",&x);
    for(i=9;i>=0;i--)
        if(a[i]>x)
            a[i+1]=a[i];
        else
            break;
    a[i+1]=x;
    for(i=0;i<11;i++)
        printf("%d ",a[i]);
}
```

【样题 8】输入一个十进制整数，将其转换为二进制数输出。

【参考程序】

```
#include <stdio.h>
#include <math.h>
#include <string.h>
void main()
{
    int x,y,i,length;
    char b[80];
    scanf("%d",&x);
    y=fabs(x);
```

```
    i=0;
    while(y!=0)
    {
        b[i]='0'+y%2;
        y=y/2;
        i++;
    }
    b[i]='\0';
    length=strlen(b);
    if(x<0)putchar('-');
    for(i=length-1;i>=0;i--)
        putchar(b[i]);
}
```

5.5 习　　题

1. 分析下面的程序，写出输出结果。

```
#include <stdio.h>
void main()
{ int flag=0,i;
  int a[7]={8,9,7,9,8,9,7};
  for(i=0;i<7;i++)
    if(a[i]==7){
        flag=i;
        break;
    }
  printf("%d\n",flag);
  flag=-1;
  for(i=6;i>=0;i--)
    if(a[i]==8){
        break;
        flag=i;
    }
  printf("%d\n",flag);
  flag=0;
  for(i=0;i<7;i++)
    if(a[i]==9){
        printf("%d ",i);
    }
  printf("\n");
  flag=0;
  for(i=0;i<7;i++)
    if(a[i]==7)flag=i;
  printf("%d\n",flag);
}
```

2. 程序功能：删除数组中的负数，输出结果为：1　3　4　6。在空格处填上正确的内容，调试程序，验证程序的正确性。

```
#include <stdio.h>
void main()
{
    int i,j,n=7,a[7]={1,-2,3,4,-5,6,-7};
```

```
   for(i=0;i<n;i++)
      if(a[i]<0){
         for(j=i--;j<n-1;j++)____(1)____;
         ____(2)____;
      }
   for(i=0;i<n;i++)
      printf("%5d",a[i]);
   printf("\n");
}
```

3. 【**程序说明**】输入 10 个整数，将它们从大到小排序后输出。

运行示例：

Enter 10 integers: 1 4 −9 99 100 87 0 6 5 34

After sorted: 100 99 87 34 6 5 4 1 0 −9

该程序的排序方法称为冒泡排序，请与选择排序方法进行比较。分析程序，选择正确的选项填空，调试运行程序，验证程序的正确性。

```
#include <stdio.h>
void main( )
{
   int i, j, t, a[10];
   printf("Enter 10 integers: ");
   for(i = 0; i < 10; i++)
      scanf(____(1)____);
   for(i = 1; i < 10; i++)
      for(____(2)____; ____(3)____; j++)
         if(____(4)____){
            t = a[j];
            a[j] = a[j+1];
            a[j+1] = t;
         }
   printf("After sorted: ");
   for(i = 0; i < 10; i++)
      printf("%d ", a[i]);
   printf("\n");
}
```

（1）A. "%f", a[i]　　　　B. "%lf", &a[i]　　　　C. "%s", a　　　　D. "%d", &a[i]

（2）A. j=0　　　　　　　B. j=1　　　　　　　　C. j=I　　　　　　D. j=i−1

（3）A. j>I　　　　　　　B. j<9−I　　　　　　　C. j<10−I　　　　　D. j>i−1

（4）A. a[i−1]<a[i]　　　B. a[j+1]<a[j+2]　　　C. a[j]<a[j+1]　　　D. a[i]<a[j]

4. 【**程序说明**】输入一行字符，统计并输出其中英文字母、数字和其他字符的个数。选择正确的选项填空。

运行示例：

```
Enter characters: f(x,y)=3x+5y-10
letter=5, digit=4, other=6
#include <stdio.h>
void main()
{
   int digit, i, letter, other;
   ____(1)____ ch;
   digit = letter = other = 0;
   printf("Enter characters: ");
   while(____(2)____ !='\n')
```

```
    if(_____(3)_____)
        letter ++;
    _____(4)_____(ch >= '0' && ch <= '9')
        digit ++;
    else
        other ++;
    printf("letter=%d,digit=%d,other=%d\n",letter,digit,other);
}
```

（1）A. *　　　　　　B. float　　　　　　C. double　　　　　D. char

（2）A. (ch=getchar())　　　　　　　　B. ch=getchar()

　　　C. getchar(ch)　　　　　　　　　D. putchar(ch)

（3）A. (ch>='a' && ch<='z') && (ch>='A' && ch<='Z')

　　　B. (ch>='a' && ch<='z') || (ch>='A' && ch<='Z')

　　　C. ch>='a' && ch<='Z'

　　　D. ch>='A' && ch<='z'

（4）A. if　　　　　　B. else　　　　　　C. else if　　　　　D. if else

5. 程序功能：输入 1 个字符串，输出其中所出现过的大写英文字母。如运行时输入字符串"FONTNAME and FILENAME"，应输出"F O N T A M E I L"。请修改程序中的错误。

```
#include <stdio.h>
void main()
{
    char x[80],y[26]; int i,j,ny=0;
    gets(x);
    for(i=0;x[i]!='\0';i++)
        if(x[i]>='A'&&x[i]<='Z'){
            for(j=0;j<ny;j++)
                /***** 1 *****/
                if(y[i]==x[j])continue;
            if(j==ny) { y[ny]=x[i]; ny++; }
        }
    /***** 2 *****/
    for(i=0;i<26;i++)
        printf("%c ",y[i]);
    printf("\n");
}
```

6. 分析程序，回答问题。

```
#include <stdio.h>
#define MAXLEN 80
main( )
{   int k = 0, number = 0;
    char str[MAXLEN];
    while((str[k] = getchar()) != '#')
        k++;
    str[k] = '\0';
    for (k=0; str[k] != '\0'; k++)
        if (str[k]>='0' && str[k]<='9' || str[k]=='A' || str[k]=='B')
            if(str[k] >= '0' && str[k] <= '9')
                number = number * 12 + str[k] - '0';
            else if(str[k] == 'A'||str[k] == 'B')
                number = number * 12 + str[k] -'A' + 10;
            else;           /* 第15行 */
        else  break; /* 第16行 */
```

```
    printf("%d\n",number);
}
```

（1）程序运行时，输入 10#，输出_____。

A. 16　　　　　　　　B. 10　　　　　　　　C. 12　　　　　　　　D. 1

（2）程序运行时，输入 1a0#，输出_____。

A. 264　　　　　　　B. 10　　　　　　　　C. 1　　　　　　　　D. 12

（3）将第 16 行改为"；"后，程序运行时，输入 A*0#，输出_____。

A. 0　　　　　　　　B. 120　　　　　　　C. 10　　　　　　　　D. 12

（4）将第 16 行改为"else break;"，并删除第 15 行后，输入 1b0#，输出_____。

A. 10　　　　　　　　B. 12　　　　　　　　C. 276　　　　　　　D. 1

7.【程序说明】输入一个 3 行 2 列的矩阵，分别输出各行元素之和。选择正确的选项填空。

运行示例：

Enter an array:

6　　3

1　　−8

3　　12

sum of row 0 is 9

sum of row 1 is −7

sum of row 2 is 15

```
#include <stdio.h>
void main( )
{   int j, k, sum = 0;
    int a[3][2];
    printf("Enter an array:\n");
    for(j = 0; j < 3; j++)
       for(k = 0; k < 2; k++)
           scanf("%d",_____(1)_____);
    for(j = 0; j < 3; j++){
        _____(2)
        for(k = 0; k < 2; k++)
           sum =_____(3)_____;
        printf("sum of row %d is %d\n",_____(4)_____,sum);
    }
}
```

（1）A. a[j][k]　　　　B. a[k][j]　　　　　C. &a[j][k]　　　　D. &a[k][j]

（2）A. ;　　　　　　　B. sum=-1;　　　　C. sum=1;　　　　　D. sum=0;

（3）A. sum + a[j][k]　B. sum + a[j][j]　　C. sum + a[k][k]　　D. 0

（4）A. k　　　　　　　B. j　　　　　　　　C. 0　　　　　　　　D. 1

8.【程序说明】输入一个 4 行 4 列的矩阵，计算并输出该矩阵除 4 条边以外的所有元素之和 sum1，再计算和输出该矩阵主对角线以上（含主对角线）的所有元素之和 sum2，主对角线为从矩阵的左上角至右下角的连线。选择正确的选项填空。

运行示例：

Enter an array:

1　2　3　4

```
 5   6   7   8
 9  10  11  12
13  14  15  16
sum1=34
sum2=70
```

```c
#include <stdio.h>
void main( )
{
    int j, k, sum;
    int a[4][4];
    printf("Enter an array:\n");
    for(j = 0; j < 4; j++)
        for(k = 0; k < 4; k++)
            scanf("%d", &a[j][k]);
    sum = 0;
    for(j = 0; j < 4; j++)
        for(k = 0; k < 4; k++)
            if(_____(1)_____)
                sum += a[j][k];
    printf("sum1 = %d\n", sum);
    _____(2)
    for(j = 0; j < 4; j++)
        for(_____(3)_____;_____(4)_____; k++)
            sum += a[j][k];
    printf("sum2 = %d\n", sum);
}
```

（1）A. j !=3 && k !=3 && j !=0 && k !=0

　　　B. j !=3 && k !=3 || j !=0 && k !=0

　　　C. j !=3 || k !=3 && j !=0 || k !=0

　　　D. j==3 && k==3 || j==0 && k==0

（2）A. sum1=0;　　　B. sum=0;　　　　　C. sum2=0;　　　　　D. ;

（3）A. k=0　　　　　B. k=j　　　　　　C. k=1　　　　　　D. k=3

（4）A. k<=j　　　　　B. k>0　　　　　　C. k>j　　　　　　D. k<4

9. 输入一个 2×3 的二维数组，找出最大值以及它的行下标和列下标，并输出该矩阵。选择正确的选项填空。

运行示例：

```
Enter a array(2*3): 3 2 10 -9 6 -1
max = a[0][2] = 10
3 2 10
-9 6 -1
#include <stdio.h>
void main()
{
    int col, i, j, row;
    int a[2][3];
    printf("Enter array(2*3):");
    for(i = 0; i < 2; i++)
        for(j = 0; j < 3; j++)
            scanf("%d",_____(1)_____);
            _____(2)
    for(i = 0; i < 2; i++)
```

```
        for(j = 0; j < 3; j++)
            if(a[i][j] > a[row][col]){
                _____(3)_____
            }
    printf("max = a[%d][%d] = %d\n", row, col, a[row][col]);
    for(i = 0; i < 2; i++){
        for(j = 0; j < 3; j++)
            printf("%4d", a[i][j]);
        _____(4)_____
    }
}
```

（1）A. &a[i][j]　　　　 B. &a[j][i]　　　　　 C. a[i][j]　　　　　　 D. a[j][i]

（2）A. row=col=2;　　　　　　　　　 B. row=col=0;

　　　C. a[row][col]=0;　　　　　　　 D. a[row][col]=−1;

（3）A. row=j; col=i;　　　　　　　　 B. a[row][col]=a[i][j];

　　　C. row=i; col=j;　　　　　　　　 D. a[row][col]=a[j][i];

（4）A. printf("\n")};　　　　　　　　 B. }printf("\n");

　　　C. ;　　　　　　　　　　　　　　 D. printf("\n");}

10. 编程。输入 10 个数，存入数组 a，再输入一个数 x，查找 x 在数组 a 中是否存在，输出查找结果。

第6章 利用函数实现模块化程序设计

📚 **本章学习目标**

- 熟练掌握函数的概念、定义和使用。
- 熟练掌握函数的参数传递规则及其应用。
- 掌握全局变量和局部变量的使用。
- 理解变量的存储类别等概念。

6.1 求函数 f(x)的最大值

【程序说明】 设 x=1,2,……,10，求函数 f(x)=x−10×cos(x)−5×sin(x)的最大值。根据注释说明，编写相应的代码，完成程序设计。调试运行程序，验证程序的正确性，写出程序运行结果。

```
/* 程序 c6-1.cpp */
#include <stdio.h>
#include <math.h>
void main()
{
    _____        /* 函数原型声明及变量声明 */
    _____        /* 初始设置，f(1)作为最大值 */
    for(x=2;x<=10;x++)
    _____        /* 如果后面的数更大，则改变 max 的值*/
    printf("%.3f\n",max);
}
float f(float x)
{
    float y;
    _____        /* 计算函数值，赋值给变量 y */
    _____        /* 返回 y 的值 */
}
```

6.2 函数参数传递

【程序说明】 连续输入一批学生的成绩，直到输入成绩的数量超过 50 个或者输入的成绩不是有效成绩（有效成绩为 0~100），将输入的有效成绩存入数组 mark 中，在数组中查找并输出最高分。函数 getmax(array,n)的功能是：在有 n 个元素的一维数组 array 中找出并返回最大值。选择正确的选项填空。

运行示例：

Enter marks: 90 80 77 65 −1

Max=90

```
/* 程序 c6-2.cpp */
#include <stdio.h>
#define MAXNUM 50
int getmax(_____(1)_____)
{
    int k, max;
    _____(2)_____
    for(k = 1; k < n; k++)
        if(max < array[k])max = array[k];
    return max;
}
void main()
{
    int k, x;
    int mark[MAXNUM];
    printf("Enter marks:");
    k = 0;
    scanf("%d", &x);
    while(_____(3)_____){
        mark[k++] = x;
        scanf("%d", &x);
    }
    if(k > 0)
        printf("Max = %d\n", getmax(_____(4)_____));
    else
        printf("No marks!\n");
}
```

（1）A. int n; int array[]　　　　　　　B. void

　　　C. int *array　　　　　　　　　　D. int array[],int n

（2）A. max=0;　　　　　　　　　　　　B. ;

　　　C. max=array[0];　　　　　　　　D. max=array[n];

（3）A. k<MAXNUM||x>=0 && x<=100　　B. k<MAXNUM&&x>=0&&x<=100

　　　C. k>MAXNUM&&x>=0 || x<=100　　D. k>MAXNUM||x>=0||x<=100

（4）A. mark, k　　　B. mark　　　　C. mark[]　　　　D. mark, n

6.3　变量作用域与存储类别

【程序说明】分析程序，回答问题。

```
/* 程序 c6-3.cpp */
#include <stdio.h>
int k = 1;
void Fun();
void main()
```

```
{
    int j;
    for(j = 0; j < 2; j++)
        Fun();
    printf("k=%d", k);
}
void Fun()
{
    int k = 1;          /* 第 13 行 */
    printf("k=%d,", k);
    k++;
}
```

（1）程序的输出是＿＿＿。

A. k=1,k=2,k=3   B. k=1,k=2,k=1

C. k=1,k=1,k=2   D. k=1,k=1,k=1

（2）将第 13 行改为 "static int k=1;" 后，程序的输出是＿＿＿。

A. k=1,k=1,k=1   B. k=1,k=1,k=2

C. k=1,k=2,k=1   D. k=1,k=2,k=3

（3）将第 13 行改为 "k=1;" 后，程序的输出是＿＿＿。

A. k=1,k=2,k=1   B. k=1,k=1,k=1

C. k=1,k=1,k=2   D. k=1,k=2,k=3

（4）将第 11 行改为 ";" 后，程序的输出是＿＿＿。

A. k=1,k=1,k=2   B. k=1,k=2,k=3

C. k=1,k=1,k=1   D. k=1,k=2,k=1

6.4 编程样题及参考程序

【样题 1】编写一个名为 root 的函数，求方程 $ax^2+bx+c=0$ 的 b^2-4ac，并作为函数的返回值，其中的 a、b、c 作为函数的形式参数。

【参考程序】

```
float root(float a,float b,float c)
{
    return b*b-4*a*c;
}
```

【样题 2】编写一个函数，若有参数 y 为闰年，则返回 1，否则返回 0。

【参考程序】

```
int year(int y)
{
    int n;
    n = (y % 4 == 0 && y % 100 != 0 || y % 400 == 0);
    return n;
}
```

【样题 3】编写一个无返回值、名为 max_min 的函数，对两个整数实参能求出它们的最大公约数和最小公倍数并显示。

【参考程序】

```
void max_min(int a,int b)
{
    int x,y,r,max,min;
    x=a,y=b;
    r=x%y;
    while(r!=0)
    {
        x=y;
        y=r;
        r=x%y;
    }
    max=y;
    min=a*b/max;
    printf("max=%d,min=%d\n",max,min);
}
```

【样题 4】编写一个名为 day_of_year(int year,int month,int day)的函数，计算并返回某日是该年的第几天。

【参考程序】

```
int day_of_year(int year,int month,int day)
{
    int d[13]={0,31,28,31,30,31,30,31,31,30,31,30,31},i,n;
    n=0;
    for(i=1;i<month;i++)
        if(i==2 && (year % 4 == 0 && year % 100 != 0 || year % 400 == 0))
            n=n+d[i]+1;
        else
            n=n+d[i];
    n=n+day;
    return n;
}
```

【样题 5】编一个名为 link 的函数，要求如下：

形式参数：s1[40]，s2[40]，s3[80]，存放字符串的字符型数组。

功能：将 s2 连接到 s1 后存入 s3 中。

返回值：连接后字符串的长度。

【参考程序】

```
#include <string.h>
int link(char s1[],char s2[],char s3[])
{
    strcpy(s3,s1);
    strcat(s3,s2);
    return strlen(s3);
}
```

【样题 6】编一个函数，返回一维实型数组前 n 个元素的最大数、最小数和平均值。数组、n 和最大数、最小数、平均值均作为函数的形式参数。

【参考程序】

```
void jisuan(float x[],int n,float *max,float *min,float *ave)
{
```

```
    int i;
    *max=*min=*ave=x[0];
    for(i=1;i<n;i++)
    {
        *ave=*ave+x[i];
        if(x[i]>*max) *max=x[i];
        if(x[i]<*min) *min=x[i];
    }
    *ave=*ave/n;
}
```

【样题 7】 编写一函数 delchar(s,c)，将字符串 s 中出现的所有 c 字符删除。编写 main 函数，并在其中调用 delchar(s,c)函数。

【参考程序】

```
#include <stdio.h>
#include <string>
void delchar(char s[],char c)
{
    int i;
    for(i=0;s[i]!='\0';i++)
    {
        if(s[i]==c)
            strcpy(s+i,s+i+1);
        else
            i++;
    }
}
void main()
{
    char x[80],ch;
    gets(x);
    ch=getchar();
    delchar(x,ch);
    puts(x);
}
```

【样题 8】 按下面要求编写程序：

① 定义函数 cal_power(x, n)计算 x 的 n 次幂（即 x^n），函数返回值类型是 double。

② 定义函数 main()，输入浮点数 x 和正整数 n，计算并输出下列算式的值。要求调用函数 cal_power(x, n)计算 x 的 n 次幂。

算式：$s=1/x+1/x^2+1/x^3+\cdots\cdots+1/x^n$。

【参考程序】

```
#include <stdio.h>
double cal_power(double x,int n)
{
    int i;
    double p=1;
    for(i=1;i<=n;i++)
        p*=x;
    return p;
}
void main()
{
    double x,s;
    int n,i;
```

```
    scanf("%lf,%d",&x,&n);
    s=0;
    for(i=1;i<=n;i++)
        s=s+1/cal_power(x,i);
    printf("s=%f\n",s);
}
```

6.5　习　　题

1. 阅读程序，回答问题。

```
#include <stdio.h>
int f(int x, int y, int z)
{
    int k, n;
    int tab[2][13] = {
        {0, 31, 28, 31, 30, 31, 30, 31, 31, 30, 31, 30, 31},
        {0, 31, 29, 31, 30, 31, 30, 31, 31, 30, 31, 30, 31}
    };
    n = (x % 4 == 0 && x % 100 != 0 || x % 400 == 0);
    for(k = 1; k < y; k++)
        z = z + tab[n][k];
    return z;
}
void main()
{
    int s, x1, y1, z1, x2, y2, z2;
    printf("Enter 6 integers:");
    scanf("%d%d%d%d%d%d", &x1, &y1, &z1, &x2, &y2, &z2);
    s = f(x2, y2, z2) - f(x1, y1, z1);
    printf("%d\n", s);
}
```

（1）程序运行时，输入 1 0 0 0 0 0，输出_____。

A. 29　　　　　　　　B. 28　　　　　　　　C. 0　　　　　　　　D. −1

（2）程序运行时，输入 0 0 1 0 0 0，输出_____。

A. 29　　　　　　　　B. 28　　　　　　　　C. 0　　　　　　　　D. −1

（3）程序运行时，输入 2000 2 1 2000 3 1，输出_____。

A. 29　　　　　　　　B. 28　　　　　　　　C. 0　　　　　　　　D. −1

（4）程序运行时，输入 1981 2 1 1981 3 1，输出_____。

A. 29　　　　　　　　B. 28　　　　　　　　C. 0　　　　　　　　D. −1

2. 输入一个整数，将它逆序输出。要求定义并调用函数 reverse(long number)，它的功能是返回 number 的逆序数。例如，reverse(12345)的返回值是 54321。选择正确的选项填空。

运行示例：

Enter an integer: −123

After reversed: −321

```
#include <stdio.h>
void main( )
{
```

```
    long in;
    long reverse(long number);
    printf("Enter an integer:");
    scanf("%ld", &in);
    printf("After reversed:%ld\n",____(1)____);
}
long reverse(long number)
{
    int flag;
    ____(2)____;
    flag = number < 0 ? -1 : 1;
    if(____(3)____)  number = - number;
    while(number != 0){
        res =____(4)____;
        number /= 10;
    }
    return flag*res;
}
```

（1）A. reverse( )　　　　B. in　　　　　　C. reverse(in)　　　　D. reverse

（2）A. res=0　　　　　　B. long res　　　　C. long res=0　　　　D. res

（3）A. number>0　　　　B. number<0　　　C. number !=0　　　　D. number==0

（4）A. number%10　　　　　　　　　　　　B. res*10 + number%10

　　　C. number/10　　　　　　　　　　　　D. res*10 + number/10

3. 输入两个正整数 a 和 n，求 a+aa+aaa+……a(n 个 a)，其中函数 fn(a, n)的功能是返回 aaa……a(n 个 a)。在空格处填入正确的内容。

```
#include <stdio.h>
void main()
{
    int i,n;
    long a,sn;
    ____(1)____;
    printf("Enter a:");
    scanf("%ld",&a);
    printf("Enter n:");
    scanf("%d",&n);
    ____(2)____
    for(i=1;i<=n;i++)
        ____(3)____;
    printf("sum=%ld\n",sn);
}
long fn(long a,int n)
{
    int i;
    long tn=0;
    for(i=1;i<=n;i++){
        tn=tn+a;
        ____(4)____;
    }
    return tn;
}
```

4. 输入 2 个正整数 m 和 n(1≤m<n≤500)，统计并输出 m 和 n 之间的素数的个数以及这些素数的和。要求定义和调用函数 prime(m)判断 m 是否为素数，当 m 为素数时返回 1，否则返回 0。素数就是只能被 1 和自身整除的正整数，如 1 不是素数，2 是素数。选择正确的选项填空。

运行示例：

Enter m, n: 1 10

count=4, sum=17

```
#include <stdio.h>
#include <math.h>
int prime(int m)
{
    int i, n;
    if(m == 1) return ____(1)____;
    n = sqrt(m);
    for( i = 2; i <= n; i++)
        if(m % i == 0) return ____(2)____;
    return ____(3)____;
}
void main()
{
    int count = 0, i, m, n, sum = 0;
    printf("Enter m, n:");
    scanf("%d%d", &m, &n);
    for(i = m; i <= n; i++)
        if(____(4)____){
            sum += i;
            count++;
        }
    printf("count=%d, sum=%d\n", count, sum);
}
```

（1）A. 1   B. m   C. m==1   D. 0

（2）A. m   B. 1   C. 0   D. n

（3）A. m   B. 1   C. 0   D. i==n

（4）A. prime(i) !=0   B. prime(i)==0   C. i==prime(i)   D. !prime(i)

5. 将 6～20 之间的偶数表示成两个素数之和，打印时一行 5 组。在空白处填上正确的内容。

```
#include <stdio.h>
#include <math.h>
int prime(int m)
{
    int i,n;
    if(m==1)   return 0;
    n=sqrt(m);
    for(i=2;i<=n;i++)
        if(m%i==0)   return 0;
    ____(1)____
}
void main()
{
    int count,i,number;
    count=0;
    for(number=6;number<=20;number=number+2){
        for(i=3;i<=number/2;i=i+2)
            if(____(2)____){
                printf("%d=%d+%d ",number,i,number-i);
                count++;
                if(____(3)____)printf("\n");
                ____(4)____;
```

```
        }
    }
}
```

6. 函数 f 将 1 个整数首尾倒置，如调 f(12345)、f(-34567)，程序输出结果应为"54321 -76543"。在空白处填上正确的内容。

```
#include <stdio.h>
#include <math.h>
int f(int n)
{
    int m,y=0;  m=fabs(n);
    while(m!=0) {
        y=y*10+m%10;
        _____(1)_____;
    }
    if(n>=0) return y;
    else _____(2)_____;
}
void main()
{
    printf("%d\t",f(12345));  printf("%d\n",f(-34567));
}
```

7. 分析程序，写出程序运行的结果。

```
#include <stdio.h>
int f1(int n)
{ if(n==1)return 1;
  else return f1(n-1)+n;
}
int f2(int n)
{ switch(n){
    case 1:
    case 2:return 1;
    default:return f2(n-1)+f2(n-2);
  }
}
void f3(int n)
{ printf("%d",n%10);
  if(n/10 !=0)  f3(n/10);
}
void f4(int n)
{ if(n/10 !=0)  f4(n/10);
  printf("%d",n%10);
}
void main()
{ printf("%d\n",f1(4));
  printf("%d\n",f2(4));
  f3(123);
  printf("\n");
  f4(123);
  printf("\n");
}
```

8. 编写程序，输入一个正整数 n，求下列算式的值。要求定义和调用函数 fact(k)计算 k 的阶乘，函数返回值的类型是 double。

$$s = \sum_{k=1}^{n} \frac{1}{k!}$$

运行示例：

Enter n: 5

sum=1.71667

9. 某客户为购房办理商业贷款，选择了按月等额本息还款法，在贷款本金（loan）和月利率（rate）一定的情况下，住房贷款的月还款额（money）取决于还款月数（month），计算公式如下。客户打算在 5～30 年的范围内选择还清贷款的年限，想得到一张"还款年限－月还款额表"以供参考。

$$money = loan \times \frac{rate(1+rate)^{month}}{(1+rate)^{month}-1}$$

（1）定义函数 cal_power(x, n)计算 x 的 n 次幂（即 x^n），函数返回值类型是 double。

（2）定义函数 cal_money(loan,rate,month)计算月还款额，函数返回值类型是 double，要求调用函数 cal_power(x, n)计算 x 的 n 次幂。

（3）定义函数 main()，输入贷款本金 loan（元）和月利率 rate，输出"还款年限－月还款额表"，还款年限的范围是 5～30 年，输出时分别精确到年和元。要求调用函数 cal_money(loan,rate,month)计算月还款额。

10. 按照要求，编写程序。

（1）定义函数 fact(n)计算 n 的阶乘：n!=1×2×……×n。函数形参 n 的类型是 int，函数类型是 double。

（2）定义函数 cal(x, e)计算下列算式的值，直到最后一项的值小于 e，函数形参 x 和 e 的类型都是 double，函数类型是 double。要求调用自定义函数 fact(n)计算 n 的阶乘，调用库函数 pow(x, n)计算 x 的 n 次幂。

$$s = x + x^2/2!+x^3/3! + x^4/4! +\cdots\cdots$$

（3）定义函数 main()，输入两个浮点数 x 和 e，计算并输出下列算式的值，直到最后一项的值小于精度 e。要求调用自定义函数 cal(x, e)计算下列算式的值。

$$s = x + x^2/2!+x^3/3! + x^4/4! +\cdots\cdots$$

第 7 章 编译预处理命令

本章学习目标

- 理解编译预处理概念。
- 能够用#define 命令定义宏。
- 掌握用#include 命令开发由多个文件组成的程序的方法。
- 理解条件编译概念。

7.1 文 件 包 含

【程序说明】按照以下要求编写程序:

1. 定义函数 fact(n)计算 n 的阶乘: n!=1×2×……×n, 函数返回值类型是 double。将源代码保存为 C7-1-1.cpp, 编译该文件。

```
/* 程序 C7-1-1.cpp */
_____
_____
_____
_____
_____
```

2. 定义函数 cal(m, n)计算累加和: m+(m+1)+(m+2)+……+n, 函数返回值类型是 double。将源代码保存为 C7-1-2.cpp, 编译该文件。

```
/* 程序 C7-1-2.cpp */
_____
_____
_____
_____
_____
```

3. 定义函数 main(), 输入正整数 n, 计算并输出下列算式的值。在该算式中, 每一项的分子是累加和, 要求调用函数 cal(m,n)计算 m+(m+1)+(m+2)+……+n; 每一项的分母是阶乘, 要求调用函数 fact(n)计算 n!。在 main()函数前使用#include 包含必要的头文件以及 C7-1-1.cpp 和 C7-1-2.cpp 文件, 将该源代码保存为 C7-1.cpp。

$$y = 1 + \frac{1+2}{2!} + \frac{1+2+3}{3!} + \cdots\cdots + \frac{1+2+\cdots\cdots+n}{n!}$$

```
/* 程序 C7-1.cpp */
_____
_____
_____
_____
_____
```

4. 编译、运行 C7-1.cpp，验证程序的正确性。

5. 掌握#include<包含文件名>与#include"包含文件名"的区别，并以实例分析验证。

6. 查找到常用的头文件，如 stdio.h、math.h 等，查看文件内容。

7.2　求最短距离

【程序说明】数组元素 x[i]、y[i] 表示平面上某点坐标，统计所有各点间的最短距离。

```
/* 程序 c7-2.cpp */
#include <stdio.h>
#include <math.h>
#define len(x1,y1,x2,y2) sqrt((x1-x2)*(x1-x2)+(y1-y2)*(y1-y2))
void main()
{
    int i,j; float c,minc;
    float x[]={1.1,3.2,-2.5,5.67,3.42,-4.5,2.54,5.6,0.97,4.65};
    float y[]={-6,4.3,4.5,3.67,2.42,2.54,5.6,-0.97,4.65,-3.33};
    minc=len(x[0],y[0],x[1],y[1]);
    for(i=0;i<9;i++)
      for(j=i+1;j<10;j++)
        if((c=len(x[i],y[i],x[j],y[j]))<minc)
          minc=c;
    printf("%f",minc);
}
```

1. 掌握宏的概念、宏的定义和应用。

2. 修改程序，将 len 定义成函数实现程序功能。

3. 比较、分析宏与函数的特点及应用。

7.3　矩 阵 转 置

【程序说明】将 3 行 3 列的矩阵行列互换。

```
/* 程序 c7-3.cpp */
#include <stdio.h>
#define S(x,y) {int t; t=x; x=y; y=t;}
void main()
{
    int a[3][3]={1,2,3,4,5,6,7,8,9},i,j;
    for(i=0;i<3;i++)
```

```
        for(j=i+1;j<3;j++)
            S(a[i][j],a[j][i]);          //第 8 行
    for(i=0;i<3;i++)
    {
        for(j=0;j<3;j++)
            printf("%d ",a[i][j]);
        printf("\n");
    }
}
```

1. 写出程序第 8 行宏展开后的文本。

2. 如果将程序中的宏定义改为#define S(x,y) { t=x; x=y; y=t;}，是否可行？为什么？该如何处理？

7.4　编程样题及参考程序

【样题 1】三角形的面积计算公式为 $area = \sqrt{s(s-a)(s-b)(s-c)}$ ，其中 s=0.5(a+b+c)，a、b、c 为三角形的三边长。定义两个带参数的宏，一个用来求 s，另一个用来求 area。编写程序，在程序中用宏来求三角形的周长和面积。

【参考程序】

```
#include <stdio.h>
#include <math.h>
#define s(x,y,z) (x+y+z)/2
#define area(x,y,z) sqrt(s(x,y,z)*(s(x,y,z)-x)*(s(x,y,z)-y)*(s
(x,y,z)-z))
void main()
{
    double a,b,c,l,m;
    scanf("%lf%lf%lf",&a,&b,&c);
    l=s(a,b,c)*2;
    m=area(a,b,c);
    printf("%f\t%f\n",l,m);
}
```

【样题 2】定义两个带参数的宏，分别表示一元二次方程的两个实根，程序运行时输入方程的 3 个系数，调用已定义的宏，输出两个实根。

【参考程序】

```
#include <stdio.h>
#include <math.h>
#define x1(a,b,c) (-b+sqrt(b*b-4*a*c))/2/a
#define x2(a,b,c) (-b-sqrt(b*b-4*a*c))/2/a
void main()
{
    double a,b,c;
    scanf("%lf%lf%lf",&a,&b,&c);
    printf("x1=%f\nx2=%f\n",x1(a,b,c),x2(a,b,c));
}
```

【样题 3】设计一个程序，对于 x=1,2,……,10，求 f(x)=x×x−5×x+sin(x)的最大值。

【参考程序】

```
#include <stdio.h>
#include <math.h>
#define f(x) x*x-5*x+sin(x)
void main()
{
    double max;
    int i;
    max=f(1);
    for(i=2;i<=10;i++)
        if(max<f(i))max=f(i);
    printf("max=%f\n",max);
}
```

7.5　习　　题

1. 按照以下要求编写程序:

编写函数 f1, 打印 1~n 的平方根, 函数形式参数为 int n, 无返回值。将源代码保存为 C751-1.cpp, 编译该文件。

编写函数 f2, 打印 1~n 的常用对数值, 函数形式参数为 int n, 无返回值。将源代码保存为 C751-2.cpp, 编译该文件。

编写 main 函数, 输入正整数 n, 调用函数 f1 打印 1~n 的平方根, 调用函数 f2 打印 1~n 的常用对数值, 在 main 函数前使用#include 包含必要的头文件以及 C751-1.cpp 和 C751-2.cpp 文件, 将该源代码保存为 C751.cpp。

编译、运行 C751.cpp, 验证程序的正确性。

2. 写出下列程序运行时的输出结果。

```
#include <stdio.h>
#define M 2
#define N M+5
#define T 16
#define S (T+10)-7
#define A(c) (c==c==c)
#define B(x,y) (x)!=(y)?((x)>(y)?1:-1):0
void main()
{
    printf("N*N/2=%d\n",N*N/2);
    printf("%d\n",S*2);
    printf("%d %d\n",A(5),A(1));
    printf("%d %d %d\n",B(4,5),B(10,10),B(5,4));
}
```

第8章 指针的使用

本章学习目标

- 熟练掌握指针的概念、指针变量的定义和引用方法。
- 掌握一维数组、二维数组中指针的应用。
- 掌握字符串指针的应用。
- 掌握指向函数的指针和返回指针值的函数、指针数组和指向指针的指针等的应用。

8.1 变量和地址

【程序说明】运行以下程序，分析程序的输出结果。

```cpp
/* 程序c8-1.cpp */
#include <stdio.h>
void main()
{
    int a=1025,b=2358,c=3,*p1;
    char ch1=65,ch2='a',*s[4]={"one","two","three","four"};
    double m=12.3,n=-7.8;
    float x[5]={10},y[2][3]={1.1,2.2,3.3,4.4,5.5,6.6},*p2,**p3;
    printf("%x\t%x\t%x\n",&a,&b,&c);
    printf("%x\t%x\n",&ch1,&ch2);
    printf("%x\t%x\n\n",&m,&n);
    p1=&b;
    printf("%x\t%x\t%d\n\n",&p1,p1,*p1);
    printf("%x\t%x\t%x\t%x\n\n",x,&x[0],x+2,&x[2]);
    p2=x+3;
    p3=&p2;
    printf("%x\t%x\t%x\n\n",&p3,p3,*p3);
    printf("%x\t%x\t%x\t%x\n\n",y,y[0],*(y+0),&y[0][0]);
    printf("%x\t%x\t%x\n\n",s,&s[0],s+1);
    printf("%s\t%s\t%c\n\n",s[1],s[2]+2,*(s[3]+3));
}
```

1. 理解变量、变量的值、变量的存储空间（地址）的概念。
2. 画出变量、数组的地址空间分配示意图：

8.2 变量的交换

【程序说明】 分析程序，完成选择题。

```c
/* 程序 c8-2.cpp */
#include <stdio.h>
#include <stdlib.h>
void main ()
{
    int a = -1, b = 1;
    void f1(int x, int y),f2(int *x, int *y);
    void f3(int *x, int *y),f4(int x, int y);
    f1(a, b);
    printf("(%d,%d)\n", a, b);
    a = -1, b = 1;
    f2(&a, &b);
    printf("(%d,%d)\n", a, b);
    a = -1, b = 1;
    f3(&a, &b);
    printf("(%d,%d)\n", a, b);
    a = -1, b = 1;
    f4(a, b);
    printf("(%d,%d)\n", a, b);
}
void f1(int x, int y)
{ int t;
    t = x; x = y; y = t;
}
void f2(int *x, int *y)
{ int t;
    t = *x; *x = *y; *y = t;
}
void f3(int *x, int *y)
{ int *t;
    t = x; x = y; y = t;
}
void f4(int x, int y)
{ int *t;
    t=(int *)malloc(sizeof(t));
    *t = x; x = y; y = *t;
}
```

（1）程序运行时，第 1 行输出_____。

A. (1, −1)　　　　　B. (−1, 1)　　　　　C. (−1, −1)　　　　　D. (1,1)

（2）程序运行时，第 2 行输出_____。

A. (1, −1)　　　　　B. (−1, 1)　　　　　C. (−1, −1)　　　　　D. (1,1)

（3）程序运行时，第 3 行输出_____。

A. (1, −1)　　　　　B. (−1, 1)　　　　　C. (−1, −1)　　　　　D. (1,1)

（4）程序运行时，第 4 行输出_____。

A. (1, −1)　　　　　B. (−1, 1)　　　　　C. (−1, −1)　　　　　D. (1,1)

8.3 二维数组元素求和

【程序说明】调用函数 f，求二维数组 a 中全体元素之和。

```
/* 程序 c8-3.cpp */
#include <stdio.h>
float f( float **x,int m,int n )
{
    float y=0; int i,j;
    for(i=0;i<m;i++)
      for(j=0;j<n;j++)
        y=y+_____(1)_____);
        return y;
}
void main()
{
    float a[3][4]={{1,2,3,4},{5,6,7,8},{9,10,11,12}},*b[3];
    int i;
    for(i=0;i<3;i++)
        b[i]= &a[i][0];      /* 或 a[i] */
    printf("%.2f\n",f(_____(2)_____));
}
```

1. 分析程序，在空格处填上正确的内容。调试并运行程序，验证程序的正确性。

2. 理解二维数组元素 a[i][j]地址的 3 种表示形式，即&a[i][j]、a[i]+j、*(a+i)+j，以及对应元素值的表示方法。

3. 掌握指针数组（如程序中的数组 b）的应用。

4. 为什么需要将函数 f 的形参 x 定义成二级指针？

8.4 编程样题及参考程序

【样题 1】编写一个程序，输入 3 个整数，按从大到小的次序输出。

【参考程序】

```
#include <stdio.h>
void main()
{
    int a,b,c,*p1,*p2,*p3;
    scanf("%d%d%d",&a,&b,&c);
    if(a>b && b>c){p1=&a,p2=&b;p3=&c;}
    if(a>c && c>b){p1=&a,p2=&c;p3=&b;}
    if(b>a && a>c){p1=&b,p2=&a;p3=&c;}
    if(b>c && c>a){p1=&b,p2=&c;p3=&a;}
    if(c>a && a>b){p1=&c,p2=&a;p3=&b;}
    if(c>b && b>a){p1=&c,p2=&b;p3=&a;}
    printf("%d,%d,%d\n",*p1,*p2,*p3);
}
```

【样题 2】编写一个程序，输入 15 个整数并存入一维数组，按逆序重新存放后输出。

【参考程序】

```c
#include <stdio.h>
void main()
{
    int a[15],i,*p1,*p2,t;
    for(i=0;i<15;i++)
        scanf("%d",a+i);
    p1=a;p2=a+14;
    for(;p1<p2;p1++,p2--)
    {
        t=*p1;*p1=*p2;*p2=t;
    }
    for(i=0;i<15;i++)
        printf("%d  ",*(a+i));
}
```

【样题 3】编写一个程序，输入一个字符串，按相反次序输出其中的所有字符。

【参考程序】

```c
#include <stdio.h>
void main()
{
    char str[80],*p;
    gets(str);
    p=str;
    while(*p!='\0')
        p++;
    p--;
    while(p>=str)
    {
        putchar(*p);
        p--;
    }
}
```

【样题 4】编写一个程序，输入一个实型一维数组，输出其中的最大值、最小值和平均值。

【参考程序】

```c
#include <stdio.h>
#define N 10
void main()
{
    float x[N],*pmax,*pmin,ave;
    int i;
    ave=0;
    for(i=0;i<N;i++)
    {
        scanf("%f",x+i);
        ave+=*(x+i);
    }
    ave=ave/N;
    pmax=pmin=x;
    for(i=0;i<N;i++)
    {
        if(*(x+i)>*pmax)  pmax=x+i;
        if(*(x+i)<*pmin)  pmin=x+i;
    }
}
```

```
    printf("max=%f,min=%f,ave=%f\n",*pmax,*pmin,ave);
}
```

【样题 5】编写一个程序，输入一个 3×6 的整型二维数组，输出其中最大值、最小值及其
所在的行、列下标。

【参考程序】

```
#include <stdio.h>
void main()
{
    int a[3][6],i,j,x1,y1,x2,y2;
    for(i=0;i<3;i++)
        for(j=0;j<6;j++)
            scanf("%d",a[i]+j);
    x1=y1=x2=y2=0;
    for(i=0;i<3;i++)
        for(j=0;j<6;j++)
        {
            if(*(a[i]+j)>*(a[x1]+y1)){x1=i;y1=j;}
            if(*(a[i]+j)<*(a[x2]+y2)){x2=i;y2=j;}
        }
    printf("max=a[%d][%d]=%d\n",x1,y1,*(*(a+x1)+y1));
    printf("min=a[%d][%d]=%d\n",x2,y2,*(*(a+x2)+y2));
}
```

【样题 6】编写一个程序，输入 3 个字符串，输出其中最大的字符串。

【参考程序】

```
#include <stdio.h>
#include <string.h>
void main()
{
    char str1[80],str2[80],str3[80],*p;
    gets(str1);
    gets(str2);
    gets(str3);
    if(strcmp(str1,str2)>0)
        p=str1;
    else
        p=str2;
    if(strcmp(str3,p)>0)
        p=str3;
    puts(p);
}
```

【样题 7】编写一个程序，输入 2 个字符串，将其连接后输出。

【参考程序】

```
#include <stdio.h>
void main()
{
    char str1[80],str2[80],*p1,*p2;
    gets(str1);
    gets(str2);
    p1=str1;
    while(*p1!='\0')
        p1++;
    p2=str2;
    while(*p2!='\0')
```

```
    {
        *p1=*p2;
        p1++;
        p2++;
    }
    *p1='\0';
    puts(str1);
}
```

【样题 8】 编写一个程序，比较 2 个字符串是否相等。

【参考程序】

```
#include <stdio.h>
void main()
{
    char str1[80],str2[80],*p1,*p2;
    gets(str1);
    gets(str2);
    p1=str1;
    p2=str2;
    while(*p1!='\0' && *p2!='\0' && *p1==*p2)
    {
        p1++;
        p2++;
    }
    if(*p1==*p2)
        printf("yes\n");
    else
        printf("no\n");
}
```

【样题 9】 编写一个程序，输入 10 个整数，将其中的最大数和最后一个数交换，最小数和第 1 个数交换。

【参考程序】

```
#include <stdio.h>
void main()
{
    int x[10],*pmax,*pmin,t,i;
    for(i=0;i<10;i++)
        scanf("%d",x+i);
    pmax=pmin=x;
    for(i=0;i<10;i++)
    {
        if(*(x+i)>*pmax)  pmax=x+i;
        if(*(x+i)<*pmin)  pmin=x+i;
    }
    t=x[9];x[9]=*pmax;*pmax=t;
    t=x[0];x[0]=*pmin;*pmin=t;
    for(i=0;i<10;i++)
        printf("%d ",*(x+i));
}
```

【样题 10】 编写一个程序，输入一行文字，找出其中大写英文字母、小写英文字母、空格、数字字符以及其他字符各有多少。

【参考程序】

```c
#include <stdio.h>
void main()
{
    char str[80],*p;
    int n1,n2,n3,n4,n5;
    gets(str);
    p=str;
    n1=n2=n3=n4=n5=0;
    while(*p!='\0')
    {
        if(*p>='A' && *p<='Z')
            n1++;
        else
            if(*p>='a' && *p<='z')
                n2++;
            else
                f(*p==' ')
                    n3++;
                else
                    if(*p>='0' && *p<='9')
                        n4++;
                    else
                        n5++;
        p++;
    }
    printf("%d\n%d\n%d\n%d\n%d\n",n1,n2,n3,n4,n5);
}
```

8.5 习   题

1. 分析程序，写出运行结果。

```c
#include <stdio.h>
void main()
{ int i,x1,x2;
  int a[5]={1,2,3,4,5};
  void f1(int x,int y),f2(int *x,int *y);
  x1=x2=0;
  for(i=0;i<5;i++){
    if(a[i]>a[x1])
        x1=i;
    if(a[i]<a[x2])
        x2=i;
  }
  f2(&a[x1],&a[0]);
  for(i=0;i<5;i++)  printf("%2d",a[i]);
  printf("\n");
  f1(a[x2],a[1]);
  for(i=0;i<5;i++)  printf("%2d",a[i]);
  printf("\n");
  f2(&a[x2],&a[4]);
  for(i=0;i<5;i++)  printf("%2d",a[i]);
  printf("\n");
```

```
    f1(a[x1],a[3]);
    for(i=0;i<5;i++)  printf("%2d",a[i]);
    printf("\n");
}
void f1(int x,int y)
{ int t;
    t=x; x=y; y=t;
}
void f2(int *x,int *y)
{ int t;
    t=*x; *x=*y; *y=t;
}
```

2. 分析程序，写出运行结果。

```
#include <stdio.h>
#include <string.h>
main( )
{   char *s[2] = {"****", "****"};
    while(*s[1] != '\0'){
        printf("%s\n", s[0]+strlen(s[1])-1);
        s[1]++;
    }
}
```

3. 输入 10 个整数，将它们从大到小排序后输出。选择正确的选项填空。

运行示例：

Enter 10 integers: 10 98 −9 3 6 9 100 −1 0 2

After sorted: 100 98 10 9 6 3 2 0 −1 −9

```
#include <stdio.h>
_____(1)_____
void sort(_____(2)_____)
{ int i, index, k, t;
    for(k = 0; k < n-1; k++){
        index = k;
        for(i = k + 1; i < n; i++)
            if(a[i] > a[index])  index = i;
        _____(3)_____;
    }
}
void swap(int *x, int *y)
{ int t;
    t = *x; *x = *y; *y = t;
}
void main( )
{
    int i, a[10];
    printf("Enter 10 integers:");
    for(i = 0; i < 10; i++)
        scanf("%d", &a[i]);
    _____(4)_____;
    printf("After sorted:");
    for(i = 0; i < 10; i++)
        printf("%d ", a[i]);
    printf("\n");
}
```

（1）A. void swap(int *x, int *y)　　　　　B. ;

　　C. void swap(int *x, int *y);　　　　　D. void swap(int *x, *y)

（2）A. int &a, int n　　　　　　　　　　B. int *a, int *n

　　C. int *a, int n　　　　　　　　　　D. int a, int *n

（3）A. swap(*a[index], *a[k])　　　　　　B. swap(a[index], a[k])

　　C. swap(index, k)　　　　　　　　　D. swap(&a[index], &a[k])

（4）A. sort(a)　　　　B. sort(a[10])　　　　C. sort(a[], 10)　　　　D. sort(a, 10)

4. 输入一个字符串和一个正整数 m，将该字符串中的前 m 个字符复制到另一个字符串中，再输出后一个字符串。选择正确的选项填空。

运行示例 1：

Enter a string: 103+895=?

Enter an integer: 6

The new string is 103+89

运行示例 2：

Enter a string: 103+895=?

Enter an integer: 60

The new string is 103+895=?

运行示例 3：

Enter a string: 103+895=?

Enter an integer: 0

The new string is

```c
#include <stdio.h>
#include <____(1)____>
void main()
{
    char s[80], t[80], i, m;
    printf("Enter a string:");
    gets(s);
    printf("Enter an integer:");
    scanf("%d", &m);
        for(i = 0;____(2)____; i++)
                ____(3)____;
        ____(4)____
    printf("The new string is ");
    puts(t);
}
```

（1）A. ctype.h　　　　B. math.h　　　　　C. stdio.h　　　　　D. string.h

（2）A. i<m　　　　　　　　　　　　　　B. s[i]!='\0'

　　C. s[i]!='\0' && i<m　　　　　　　　D. s[i]!='\0' || i<m

（3）A. *s++=*t++　　B. t[i]=s[i]　　　　　C. *t++=*s++　　　　D. s[i]=t[i]

（4）A. t[i]='\0';　　　　　　B. ;　　　　　C. *++s='\0';　　　　D. *++t='\0';

5. 分析程序，完成选择题。

```c
#include <stdio.h>
void main()
{
    char c, s[80]= "Happy New Year";
```

```
    int i;
    void f(char *s, char c);
    c = getchar();
    f(s, c);
    puts(s);
}
void f(char *s, char c)
{
    int k = 0, j = 0;
    while(s[k] != '\0'){
        if(s[k] != c){
            s[j] = s[k];
            j++;
        }
        k++;
    }
    s[j] = '\0';
}
```

（1）程序运行时，输入字母 a，输出_____。

A. Happy New Year　　　　　　　　　　B. Hppy New Yer

C. Hay New Year　　　　　　　　　　　　D. Happy Nw Yar

（2）程序运行时，输入字母 e，输出_____。

A. Happy New Year　　　　　　　　　　B. Hppy New Yer

C. Hay New Year　　　　　　　　　　　　D. Happy Nw Yar

（3）程序运行时，输入字母 p，输出_____。

A. Happy New Year　　　　　　　　　　B. Hppy New Yer

C. Hay New Year　　　　　　　　　　　　D. Happy Nw Yar

（4）程序运行时，输入字母 b，输出_____。

A. Happy New Year　　　　　　　　　　B. Hppy New Yer

C. Hay New Year　　　　　　　　　　　　D. Happy Nw Yar

6. 输入一行字符，统计其中数字字符、英文字母和其他字符的个数。

```
#include <stdio.h>
void count(char *s,int *digit,int *letter,int *other)
{
    ____(1)____;
    while(____(2)____){
        if(*s>='0' && *s<='9')
            (*digit)++;
        else if ((*s>='a' && *s<='z')||(*s>='A' && *s<='Z'))
            (*letter)++;
        else
            (*other)++;
        s++;
    }
}
void main()
{
    int i=0,digit,letter,other;
    char ch,str[80];
    printf("Enter characters: ");
    ch=getchar();
    while(____(3)____){
```

```
        str[i]=ch;
        i++;
        ch=getchar();
    }
    str[i]='\0';
    _____(4)_____
    printf("Digit=%d letter=%d other=%d\n", digit,letter,other);
}
```

7. 调用函数 f，求数组 a 中最大值与数组 b 中最小值之差。

```
#include <stdio.h>
float f(float *x,int n,int flag)
{
    float y; int i;
        (1)        ;
    for(i=1;i<n;i++)
        if(flag*x[i]>flag*y)
            y=x[i];
    return y;
}
void main()
{
    float a[6]={3,5,9,4,2.5,1},b[5]={3,-2,6,9,1};
    printf("%.2f\n",f(a,6,1) -      (2)     ));
}
```

8.调用函数 f 计算代数多项式 1.1+2.2*x+3.3*x*x+4.4*x*x*x+5.5*x*x*x*x 当 x=1.7 时的值。

```
#include <stdio.h>
float f(float,float*,int);
void main()
{
    float b[5]={1.1,2.2,3.3,4.4,5.5};
    printf("%f\n",f(1.7,b,5));
}
float f(     (1)     )
{
    float y=a[0],t=1; int i;
    for(i=1;i<n;i++){
        t=t*x ; y=y+a[i]*t;
    }
        (2)     ;
}
```

9. 调用函数 f 用以求一元二次方程 $x^2+5x-2=0$ 的实根。

```
#include <stdio.h>
#include <math.h>
int f(float a,float b,float c,float *x1,float *x2)
{
    if(b*b-4*a*c<0)     (1)     ;
    *x1=(-b+sqrt(b*b-4*a*c))/2/a;
    *x2=(-b-sqrt(b*b-4*a*c))/2/a;
    return 0;
}
void main()
{
    float u1,u2; float a=1,b=5,c=-2;
    if(f(     (2)     ))printf("实数范围内无解\n");
    else printf("%.2f  %.2f\n",u1,u2);
}
```

10. 调用函数 f 将数组循环左移 k 个元素，如数组为{1，2，3，4，5，6，7}则输出结果为：4　5　6　7　1　2　3。

```
#include <stdio.h>
void f(int *a,int n,int k)
{
    int i,j,t;
    for(i=0;i<k;i++){
        ____(1)____;
        for(____(2)____)
            a[j-1]=a[j];
        a[n-1]=t;
    }
}
void main()
{
    int i,x[7]={1,2,3,4,5,6,7};
    f(x,7,3);
    for(i=0;i<7;i++)
        printf("%5d",x[i]);
    printf("\n");
}
```

11. 调用函数 f 将字符串中的所有字符逆序存放,然后输出。例如,输入字符串为"123456",则程序的输出结果为"654321"。

```
#include <stdio.h>
#include <string.h>
void main()
{
    char s[60],*f(char*);
    gets(s);
    printf("%s\n",f(s));
}

____(1)____ f(char* x)
{
    char t;int i,n;
    ____(2)____;
    for(i=0;i<n/2;i++){
        t=x[i];x[i]=x[n-1-i];x[n-1-i]=t;
    }
    return x;
}
```

12. 调用函数 f，从字符串中删除所有的数字字符。

```
#include <stdio.h>
#include <string.h>
#include <ctype.h>
void f(char *s)
{
    int i=0;
    while(s[i]!='\0')
        if(isdigit(s[i]))____(1)____(s+i,s+i+1);
        else ____(2)____;
}
void main()
{
```

```
    char str[80];
    gets(str);
    f(str);
    puts(str);
}
```

13. 分析程序，完成填空题。

```
#include <stdio.h>
void main()
{ int i;
  char ch,*p1,*p2,*s[4]={"four","hello","peak","apple"};
  for(i=0;i<4;i++){
      p1=p2=s[i];
      ch=*(p1+i);
      while(*p1!='\0'){
          if(*p1!=ch){
              *p2=*p1;
              p2++;
          }
          p1++;
      }
      *p2='\0';
  }
  for(i=0;i<4;i++)
      printf("%s\n",s[i]);
}
```

（1）程序运行时，第 1 行输出_____。

（2）程序运行时，第 2 行输出_____。

（3）程序运行时，第 3 行输出_____。

（4）程序运行时，第 4 行输出_____。

14. 分析程序，完成选择题。

```
#include <stdio.h>
void main()
{  int k;
   char ch, a[10], *s[10]={"one", "two", "three", "four"};
   k = 0;
   while((ch = getchar())!='\n' && k < 9)
      if(ch>='5' && ch <= '8') a[k++] = ch;
   a[k] = '\0';
   for(k = 0; a[k]!='\0'; k++)
      printf("%s ", s[('9'-a[k])-1]);
}
```

（1）程序运行时，输入 5678，输出_____。

A. two three   B. two   C. one four three   D. four three two one

（2）程序运行时，输入 8561#，输出_____。

A. two three   B. two   C. one four three   D. four three two one

（3）程序运行时，输入 7902#，输出_____。

A. two three   B. two   C. one four three   D. four three two one

（4）程序运行时，输入 7633#，输出_____。

A. two three   B. two   C. one four three   D. four three two one

15. 分析程序，完成选择题。

```c
#include<stdio.h>
#include <string.h>
void main()
{
    char str[10],*s[10]={"SQL","hello","bear","zone"};
    int i,j;
    gets(str);
    for(i=0;i<4;i++){
        if(strcmp(str,s[i])>0) continue;
        j=3;
        while(j>=i){
            s[j+1]=s[j];
            j--;
        }
        s[i]=str;
        break;
    }
    if(i==4)  s[4]=str;
    for(i=0;i<5;i++)
        printf("%s ",s[i]);
    putchar('\n');
}
```

（1）程序运行时，输入 apple，输出_____。

A. apple SQL hello bear zone

B. SQL apple hello bear zone

C. SQL hello bear zone apple

D. SQL hello apple bear zone

（2）程序运行时，输入 I，输出_____。

A. I SQL hello bear zone

B. SQL hello bear I zone

C. SQL I hello bear zone

D. SQL hello bear zone I

（3）程序运行时，输入 zoo，输出_____。

A. SQL hello bear zoo zone

B. zoo SQL hello bear zone

C. SQL hello zoo bear zone

D. SQL hello bear zone zoo

（4）程序运行时，输入 orange，输出_____。

A. SQL orange hello bear zone

B. SQL hello orange bear zone

C. orange SQL hello bear zone

D. SQL hello bear orange zone

第9章 利用结构体与共用体建立数据类型

本章学习目标

- 掌握结构体类型的定义和结构体变量的声明。
- 掌握结构体类型数据在程序设计中的应用。
- 掌握链表的概念及主要应用。
- 掌握共用体类型的概念和基本应用。

9.1 求平均成绩

【程序说明】结构体类型数据应用。计算平均成绩，然后输出学生信息。

```cpp
/* 程序 c9-1.cpp */
#include <stdio.h>
_____(1)_____
{   char name[16];
    int math;
    int english;
    int computer;
    int average;
};
void GetAverage(struct STUDENT *pst)      /* 计算平均成绩 */
{   int sum=0;
    sum =_____(2)_____
    pst->average = sum/3;   }
void main()
{   int i;
    Struct STUDENT st[4]={{"Jessica",98,95,90},{"Mike",80,80,90}
,{"Linda",87,76,70},{"Peter",90,100,99}};
    for(i=0;i<4;i++)
    {   GetAverage (_____(3)_____);}
    printf("Name\tMath\tEnglish\tCompu\tAverage\n");
    for(i=0;i<4;i++)
        printf("%s\t%d\t%d\t%d\t%d\n",_____(4)_____);
}
```

1. 掌握结构体类型的定义、结构体变量的声明和使用方法。
2. 掌握成员运算符的使用。
3. 掌握指向结构体变量的指针以及通过该指针访问结构体变量及其成员的方法。

9.2　平面坐标

【程序说明】输入 n 及 n 个点的平面坐标，然后输出与坐标原点距离不超过 5 的点的坐标值。

```cpp
/* 程序 c9-2.cpp */
#include <stdio.h>
#include <math.h>
#include <stdlib.h>
void main()
{
    int i,n;
    /***** 1 *****/
    struct axy { float x,y; } a;
    scanf("%d",&n);
    /***** 2 *****/
    a=(float*) malloc(n*2*sizeof(float));
    for(i=0;i<n;i++)
        /***** 3 *****/
        scanf("%f%f",&x,&y);
    for(i=0;i<n;i++)
        if(sqrt(a[i].x*a[i].x+a[i].y*a[i].y)<=5)
            /***** 4 *****/
            printf("%f,%f\n",(a+i).x,(a+i).y);
}
```

1. 修改程序中的错误，并调试、运行程序，验证程序的正确性。

2. 程序中用结构体变量存放平面上点的坐标，其成员 x 和 y 分别表示 *x* 坐标和 *y* 坐标。

3. malloc 是一个动态存储分配函数，掌握该函数的使用。理解为什么采用动态存储分配策略，而不是定义结构数组存储 n 个点的坐标？

9.3　结构体数组应用

【程序说明】分析程序，回答问题。

```cpp
/* 程序 c9-3.cpp */
#include <stdio.h>
struct st{
    char c;
    char s[80];
};
char *f(struct st t);
void main( )
{   int k;
    struct st a[4]={{'7',"123"}, {'2',"321"}, {'3',"123"}, {'4',"321"}};
    for(k = 0; k < 4; k++)
        printf("%s\n", f(a[k]));
}
char *f(struct st t)
{
```

```
    int k = 0;
    while(t.s[k]!='\0'){
        if(t.s[k] == t.c) return t.s+k;
        k++;
    }
    return t.s;
}
```

（1）程序运行时，第 1 行输出_____。

A. 321   B. 21   C. 123   D. 12

（2）程序运行时，第 2 行输出_____。

A. 21   B. 12   C. 3   D. 1

（3）程序运行时，第 3 行输出_____。

A. 3   B. 123   C. 1   D. 321

（4）程序运行时，第 4 行输出_____。

A. 123   B. 1   C. 3   D. 321

9.4　编程样题及参考程序

【样题 1】编写一个程序，输入 10 个学生的学号、姓名、三门课程的成绩，找出总分最高的学生姓名并输出。

【参考程序】

```
#include <stdio.h>
void main()
{
    struct student{
        int num;
        char name[8];
        float s1,s2,s3;
    }x,max;
    int i;
    scanf("%d%s%f%f%f",&x.num,x.name,&x.s1,&x.s2,&x.s3);
    max=x;
    for(i=2;i<=3;i++)
    {
        scanf("%d%s%f%f%f",&x.num,x.name,&x.s1,&x.s2,&x.s3);
        if(x.s1+x.s2+x.s3>max.s1+max.s2+max.s3)  max=x;
    }
    puts(max.name);
}
```

【样题 2】编写一个程序，输入表 9-1 所示学生成绩表中的数据，并用结构体数组存放，然后统计并输出三门课程的名称和平均分。

表 9-1　学生成绩表

name	Math	English	C
zhao	97.5	89.0	78.0
qian	90.0	93.0	87.5

name	Math	English	C
sun	75.0	79.5	68.5
li	82.5	69.5	54.0

【参考程序】

```
#include <stdio.h>
void main()
{
    struct student{
        char name[8];
        float s1,s2,s3;
    }s[4];
    int i;
    float ave1,ave2,ave3;
    ave1=ave2=ave3=0;
    for(i=0;i<4;i++)
    {
        scanf("%s%f%f%f",&s[i].name,&s[i].s1,&s[i].s2,&s[i].s3);
        ave1+=s[i].s1;
        ave2+=s[i].s2;
        ave3+=s[i].s3;
    }
    ave1/=4;
    ave2/=4;
    ave3/=4;
    printf("foxbase:%.1f,basic:%.1f,c:%.1f\n",ave1,ave2,ave3);
}
```

【样题 3】定义一个结构体变量（包括年、月、日）。编写一个函数，以结构体为形参类型，返回该日在本年中是第几天。

【参考程序】

```
#include <stdio.h>
struct date{
    int y,m,d;
};
int day_of_year(struct date x)
{
    int d[13]={0,31,28,31,30,31,30,31,31,30,31,30,31},i,n;
    n=0;
    for(i=1;i<x.m;i++)
        if(i==2 && (x.y % 4 == 0 && x.y % 100 != 0 || x.y % 400 == 0))
            n=n+d[i]+1;
        else
            n=n+d[i];
    n=n+x.d;
    return n;
}
void main()
{
    struct date a;
    scanf("%d%d%d",&a.y,&a.m,&a.d);
    printf("%d\n",day_of_year(a));
}
```

【样题 4】编写一个函数，对结构体类型（包括学号、姓名、三门课的成绩）开辟存储空间，此函数返回一个指针（地址），指向该空间。

【参考程序】

```c
#include <stdio.h>
#include <stdlib.h>
struct student{
        int num;
        char name[8];
        float s1,s2,s3;
    };
struct student *getadd()
{
    struct student *ps;
    ps=(struct student*)malloc(sizeof(struct student));
    return ps;
}
void main()
{
    struct student *p;
    p=getadd();
    scanf("%d%s%f%f%f",&(p->num),p->name,&(p->s1),&(p->s2),&(p->s3));
    printf("%d,%s,%f,%f,%f\n",p->num,p->name,p->s1,p->s2,p->s3);
}
```

9.5 习　　题

1. 分析程序，回答问题。

```c
#include <stdio.h>
struct st{
    int x, y, z;
};
void f(struct st *t, int n);
void main( )
{
    int n;
    struct st time;
    scanf("%d%d%d%d", &time.x, &time.y, &time.z, &n);
    f(&time, n);
    printf("%d:%d:%d\n", time.x, time.y, time.z);
}
void f(struct st *t, int n)
{
    t->z = t->z + n;
    if(t->z >= 60){
      t->y = t->y + t->z/60;
      t->z = t->z%60;
      }
    if(t->y >= 60){
      t->x = t->x + t->y/60;
      t->y = t->y%60;
      }
    if(t->x >= 24)  t-> x = t->x % 24;
}
```

（1）程序运行时，输入 12 12 50 10，输出_____。

A. 12:12:0　　　　　　B. 12:12:50　　　　　　C. 12:12:60　　　　　　D. 12:13:0

（2）程序运行时，输入 12 12 30 10，输出_____。

A. 12:12:0　　　　　　B. 12:12:10　　　　　　C. 12:12:30　　　　　　D. 12:12:40

（3）程序运行时，输入 22 59 30 30，输出_____。

A. 23:0:0　　　　　　B. 22:59:60　　　　　　C. 22:59:30　　　　　　D. 22:0:0

（4）程序运行时，输入 23 59 0 300，输出_____。

A. 0:4:0　　　　　　B. 23:59:300　　　　　　C. 23:59:00　　　　　　D. 23:0:0

2. 分析程序，回答问题。

```
#include <stdio.h>
struct card{
    char *face;
    char *suit;
};
void filldeck(struct card *wdeck, char *wface[],char *wsuit[])
{
    int i;
    for (i = 0; i < 4; i++){
        wdeck[i].face = wface[i%2];
        wdeck[i].suit = wsuit[i/2];
        }
}
void deal(struct card *wdeck)
{
    int i;
    for (i = 0; i < 4; i++)
    printf("(%2s of %-6s)\n", wdeck[i].face, wdeck[i].suit);
}
void main()
{
    struct card deck[4];
    char *face[]={"K","Q"};
    char *suit[]={"Heart","Club"};
    filldeck(deck,face,suit);
    deal(deck);
}
```

（1）程序运行时，第 1 行输出_____。

A. (K　of Heart)　　　B. (Q　of Heart)　　　C. (K　of Club)　　　D. (Q　of Club)

（2）程序运行时，第 2 行输出_____。

A. (K　of Heart)　　　B. (Q　of Heart)　　　C. (K　of Club)　　　D. (Q　of Club)

（3）程序运行时，第 3 行输出_____。

A. (K　of Heart)　　　B. (Q　of Heart)　　　C. (K　of Club)　　　D. (Q　of Club)

（4）程序运行时，第 4 行输出_____。

A. (K　of Heart)　　　B. (Q　of Heart)　　　C. (K　of Club)　　　D. (Q　of Club)

3. 分析程序，回答问题。

```
#include <stdio.h>
struct num{ int a,b;};
void f(struct num s[],int n)
{ int index,j,k;
```

```
    struct num temp;
    for(k=0;k<n-1;k++){
      index=k;
      for (j=k+1;j<n;j++)
          if(s[j].b<s[index].b) index=j;
      temp=s[index];
      s[index]=s[k];
      s[k]=temp;
    }
}
void main()
{ int count,i,k,m,n,no;
  struct num s[100],*p;
  scanf("%d%d%d",&n,&m,&k);
  for(i=0;i<n;i++){
    s[i].a=i+1;
    s[i].b=0;
  }
  p=s;
  count=no=0;
  while(no<n){
    if(p->b==0)count++;
    if(count==m){
      no++;
      p->b=no;
      count=0;
    }
    p++;
    if(p==s+n)
      p=s;
  }
  f(s,n);
  printf("%d: %d\n",s[k-1].b,s[k-1].a);
}
```

（1）输入 5 4 3，输出_____。

（2）输入 5 3 4，输出_____。

（3）输入 7 5 2，输出_____。

（4）输入 4 2 4#，输出_____。

4. 输入 10 个学生的学号、姓名、三门课程的成绩，找出总分最高的学生姓名并打印输出。在空白处填上正确的内容。

```
#include <stdio.h>
_____(1)_____
void main()
{
    struct student
    {
        int xh;
        char xm[8];
        float cj[3];
    float zf;
    }s[N],*p;
    int i;
    for(i=0;i<N;i++)
    {
        scanf("%d %s",_____(2)_____);
```

```
        scanf("%f%f%f",&s[i].cj[0],&s[i].cj[1],&s[i].cj[2]);
        s[i].zf=s[i].cj[0]+s[i].cj[1]+s[i].cj[2];
    }
    p=s;
    for(i=1;i<N;i++)
        if((*p).zf<(*(s+i)).zf)
            _____(3)_____
    printf("ZGF: %s\n",_____(4)_____);
}
```

第10章 位运算符及位运算

本章学习目标

● 掌握位运算的概念和特点。

● 掌握位运算的功能和应用。

10.1 位 运 算

【程序说明】写出下列程序的输出结果，注意位运算与逻辑运算的区别。

```cpp
/* 程序 c10-1.cpp */
#include <stdio.h>
void main()
{
    int a=5,b=-0x05;
    printf("%d %d\n",1<a<3,!!a);
    printf("%d %d\n",a<<2,a & 1);
    printf("%d %d\n",a!=a,a && 10);
    printf("%d %d\n\n",~(~a^a),a | 10);
    printf("%d %d\n",1<b<3,!!b);
    printf("%d %d\n",b<<2,b & 1);
    printf("%d %d\n",b!=b,b && 10);
    printf("%d %d\n",~(~b^b),b | 10);
}
```

1. 理解位运算的基本概念，掌握 C 语言中 6 种位运算（&：按位与，~：按位取反，|：按位或，<<：左移，^：按位异或，>>：右移）的功能特点及应用。

2. 理解机内码的概念，特别要掌握负数的机内补码表示方式。

10.2 中文信息的判断

【程序说明】输入一个字符串，判断其中包含的是否都是中文信息。

```cpp
/* 程序 c10-2.cpp */
#include<stdio.h>
void main()
{
    char s[80];
```

```
    int i;
    gets(s);
    for(i=0;s[i]!='\0';i++)
      if((s[i] & 0x80)!=0x80)
        break;
    if(s[i]!='\0')
      printf("No\n");
    else
      printf("Yes\n");
}
```

1. 汉字的机内码由两个字节组成，每个字节的最高位为 1，而西文字符用 ASCII 码表示，最高位为 0。按此规律，可以通过位运算判断字符串中的字符最高位是否为 1，来识别出是中文信息还是西文字符。

2. 表达式 s[i] & 0x80 将每个字符（字节）与 0x80（二进制数 1000 0000）做按位与运算，若结果不是 0x80，则表示该字符最高位是 0，为西文字符，判断结束。

10.3　字符串加密

【程序说明】输入一个字符串，先对其进行加密。加密方法为：西文字符与 0x66 做异或运算，中文信息与 0x77 做异或运算。然后输出加密后的字符串。

```
/* 程序 c10-3.cpp */
#include<stdio.h>
void jm(char *s)
{
    int i;
    for(i=0;s[i]!='\0';i++)
      if((s[i] & 0x80)!=0x80)
        s[i]^=0x66;
      else
      {
        s[i]^=0x77;
        s[i+1]^=0x77;
        i++;
      }
}
void main()
{
    char str[80];
    gets(str);
    jm(str);
    puts(str);
    jm(str);
    puts(str);
}
```

1. 利用异或运算对信息进行加密。异或运算的一个特点是任意一个数与某个指定的数做两次异或运算，运算结果仍为原数。验证程序最后一行输出是否为原字符串？

2. 密值（程序中的 0x66、0x77）能否分别改成 0x88 和 0x99，为什么？

10.4　编程样题及参考程序

【**样题 1**】编写一个程序，输入一个整数，输出该数的机内码，用十六进制数表示。
【**参考程序**】

```
#include <stdio.h>
void main()
{
    int x,y,i;
    scanf("%d",&x);
    for(i=0;i<8;i++)
    {
        y=x>>(28-4*i);
        y=y&0x0000000f;
        printf("%x",y);
    }
}
```

【**样题 2**】编写一个程序，输入一个整数，将其低 8 位全置为 1，高 8 位保留原样，并以十六进制输出该数。
【**参考程序**】

```
#include <stdio.h>
void main()
{
    short int x;
    scanf("%hd",&x);
    x=x | 0x00ff;
    printf("%x",x);
}
```

【**样题 3**】编写一个程序，输入一个字符串，删除字符串中的所有汉字字符，并输出该字符串。
【**参考程序**】

```
#include<stdio.h>
void main()
{
    char s[81];
    int i,j;
    gets(s);
    for(i=j=0;s[i]!='\0';i++)
        if((s[i] & 0x80)!=0x80)
        {
            s[j++]=s[i++];
            s[j++]=s[i];
        }
    s[j]='\0';
    puts(s);
}
```

10.5 习　　题

1. 输入 1 个字符，输出它的机内表示形式（二进制数的形式）。在空白处填上正确的内容。

```
#include<stdio.h>
void main()
{
    char x;
    int i,bit;
    x=getchar();
    for(i=1;____(1)____;i++)
      {
        bit=x & ____(2)____;
        if(____(3)____)
            bit=1;
        else
            bit=0;
        printf("%1d",bit);
        ____(4)____;
      }
}
```

2. 输入 1 个字符串，删除其中所有的西文字符。在空白处填上正确的内容。

```
#include<stdio.h>
void main()
{
    char s[81]="Microsoft 微软公司 Computer\n 杭州分公司";
    int i,j;
    for(i=j=0;____(1)____;i++)
      if((____(2)____)==0x80)
        ____(3)____=s[i];
    s[j]='\0';
    ____(4)____;
}
```

3. 输入 1 个整数，利用位运算输出对应的二进制数，输出时前面的 0 不显示。在空白处填上正确的内容。

```
#include<stdio.h>
#include <math.h>
void main()
{
    int x,f,i,bit;
    scanf("%d",&x);
    if(x<0){____(1)____;x=-x;}
    f=0;
    for(i=1;____(2)____;i++)
      {
        bit=x & 0x80000000;
        if(bit!=0)bit=1;else bit=0;
        if(bit==0)
          {
            if(f!=0)
                printf("%1d",bit);
```

```
        }
        else
        {
            printf("%1d",bit);
            _____(3)_____;
        }
        _____(4)_____;
    }
}
```

第 11 章　文件的使用

本章学习目标

- 理解文本文件和二进制文件的概念及特点。
- 理解 C 语言中文件处理的方法和过程。
- 掌握文件的建立和读写方法。

11.1　写文件操作

【程序说明】 将 1～100 的平方根保存到文件"C:\\a1.dat"中。

```
/* 程序 c11-1.cpp */
#include <stdio.h>
#include <math.h>
void main()
{
    FILE *p;
    int x;
    p=fopen("C:\\a1.dat","w");
    for(x=1;x<=100;x++)
        fprintf(p,"%.2f  ",sqrt(x));
    fclose(p);
}
```

1. 分析、调试和运行程序，查看文件内容。

2. 修改程序，使文件中每行保存 10 个平方根。

3. 下面的程序使用 fwrite 命令写文件。分析程序，理解并掌握 fwrite 的使用。

```
/* 程序 c11-1-1.cpp */
#include <stdio.h>
#include <math.h>
void main()
{
    FILE *p;
    int x;
    float y;
    p=fopen("C:\\a2.dat","wb");
    for(x=1;x<=100;x++)
    {
        y=sqrt(x);
        fwrite(&y,4,1,p);
    }
    fclose(p);
}
```

4. 下面的程序先将 1～100 的平方根赋值到数组 y，再用 fwrite 命令写文件。分析程序，理解并掌握 fwrite 的使用。

```
/* 程序 c11-1-2.cpp */
#include <stdio.h>
#include <math.h>
void main()
{
    FILE *p;
    int x;
    float y[101];
    p=fopen("C:\\a3.dat","wb");
    for(x=1;x<=100;x++)
        y[x]=sqrt(x);
    fwrite(y+1,4,100,p);
    fclose(p);
}
```

5. 使用适当的例子分析字符输出函数 fputc、字符串输出函数 fputs 的使用。

11.2　读文件操作

【程序说明】编写一个程序，统计文本文件"c11-1.cpp"中英文字母、数字字符和其他字符各有几个，并将结果添加到文件末尾。在空格处填上正确的内容，调试并运行程序，查看程序运行后文本文件"c11-1.cpp"的内容。

```
/* 程序 c11-2.cpp */
#include <stdio.h>
#include <ctype.h>
void main()
{
    ____(1)____;
    int n1,n2,n3,ch;
    n1=n2=n3=0;
    fp=fopen("c11-1.cpp",____(2)____);
    while(____(3)____)
    {
        if(isalpha(ch)) n1++;  /* 英文字母 */
        else
            if(isdigit(ch)) n2++;  /* 数字字符 */
                else
                    n3++;  /* 其他字符 */
    }
    fclose(fp);
    fp=fopen("c11-1.cpp",____(4)____);  /* 重新打开文件 */
    fprintf(fp,"//alpha number:%d\n",n1);  /* 统计结果写文件 */
    fprintf(fp,"//digit number:%d\n",n2);
    fprintf(fp,"//other:%d\n",n3);
    fclose(fp);
}
```

11.3　块数据处理

【程序说明】 先计算平均成绩，然后输出学生信息。

```cpp
/* 程序 c11-3-1.cpp */
#include <stdio.h>
struct STUDENT{
    char name[16];
    int math;
    int english;
    int computer;
    int average;
};
void main()
{
    FILE *p;
    struct STUDENT st[4]= {{"Jessica",98,95,90}, {"Mike",80,80, 90},{"Linda",
87,76,70}, {"Peter",90,100,99}};
    p=fopen("c11-3.dat","wb");
    fwrite(st,sizeof(struct STUDENT),4,p);
    fclose(p);
}


/* 程序 c11-3-2.cpp */
#include <stdio.h>
struct STUDENT{
    char name[16];
    int math;
    int english;
    int computer;
    int average;
};
void GetAverage(struct STUDENT *pst)      /* 计算平均成绩 */
{    int sum=0;
    sum =pst->math+pst->english+pst->computer;
    pst->average = sum/3;
}
void main()
{
    int i;
    FILE *p;
    struct STUDENT st[4];
    p=fopen("c11-3.dat","rb");
    fread(st,sizeof(struct STUDENT),4,p);
    for(i=0;i<4;i++)
    { GetAverage (st+i);}
    printf("Name\tMath\tEnglish\tCompu\tAverage\n");
    for(i=0;i<4;i++)
        printf("%s\t%d\t%d\t%d\t%d\n",st[i].name,st[i].math,st[i].english,st
[i].computer,st[i].average);
    fclose(p);
}
```

　1. 先运行程序 c11-3-1.cpp。程序 c11-3-1.cpp 运行时将结构体数组内容写入文件"c11-3.dat"

中。理解并掌握利用 fwrite 函数将一批数据写入文件的方法。

2. 再运行程序 c11-3-2.cpp。程序 c11-3-2.cpp 运行时将文件"c11-3.dat"中的数据读到结构体数组中，计算平均值并显示相关信息。理解并掌握利用 fread 函数从文件中读一批数据的方法。

11.4　编程样题及参考程序

【样题 1】编写一个程序，从键盘输入 200 个字符，存入名为"f1.txt"的磁盘文件中。

【参考程序】

```c
#include <stdio.h>
void main()
{
    FILE *p;
    int i;char ch;
    p=fopen("f1.txt","w");
    for(i=1;i<=200;i++)
    {
        ch=getchar();
        fputc(ch,p);
    }
    fclose(p);
}
```

【样题 2】编写一个程序，把文本文件 d1.dat 的内容复制到文本文件 d2.dat 中，要求仅复制 d1.dat 中的英文字符。

【参考程序】

```c
#include <stdio.h>
#include <ctype.h>
void main()
{
    FILE *p1,*p2;
    char ch;
    p1=fopen("d1.dat","r");
    p2=fopen("d2.dat","w");
    while(feof(p1)==0)
    {
        ch=fgetc(p1);
        if(isalpha(ch))
            fputc(ch,p2);
    }
    fclose(p1);
    fclose(p2);
}
```

【样题 3】编写一个程序，计算多项式 a0+a1*x+a2*x*x+a3*x*x*x+…前 10 项的和，并将其值以格式"%f"写到文件 design.dat 中。

【参考程序】

```c
#include <stdio.h>
#include <math.h>
```

```
void main()
{
    FILE *p;
    float a[10]={1.1,2.2,3.3,4.4,5.5,6.6,7.7,8.8,9.9,10},x,s;
    int i;
    p=fopen("design.dat","w");
    scanf("%f",&x);
    s=a[0];
    for(i=1;i<10;i++)
        s+=a[i]*pow(x,i);
    printf("%f",s);
    fprintf(p,"%f",s);
    fclose(p);
}
```

【样题 4】磁盘文件 d1.dat 和 d2.dat，各自存放一个已按字母顺序排好的字符串，编一个程序合并两个文件到 d3.dat 文件中，合并后仍保持字母顺序。

【参考程序】

```
#include <stdio.h>
void main()
{
    FILE *p1,*p2,*p3;
    char ch1,ch2;
    p1=fopen("d1.dat","r");
    p2=fopen("d2.dat","r");
    p3=fopen("d3.dat","w");
    ch1=fgetc(p1);
    ch2=fgetc(p2);
    while(ch1!=EOF && ch2!=EOF)
        if(ch1<ch2)
        {
            fputc(ch1,p3);
            ch1=fgetc(p1);
        }
        else
        {
            fputc(ch2,p3);
            ch2=fgetc(p2);
        }
    while(!feof(p1))
    {
            fputc(ch1,p3);
            ch1=fgetc(p1);
    }
    while(!feof(p2))
    {
        fputc(ch2,p3);
        ch2=fgetc(p2);
    }
    fclose(p1);
    fclose(p2);
    fclose(p3);
}
```

【样题 5】顺序文件 c.dat 每个记录包含学号（8 位字符）和成绩（3 位整数）两个数据项。从文件读取学生成绩，将大于或等于 60 分的学生成绩再形成一个新的文件 score60.dat，并显示出学生总人数、平均成绩和及格人数。

【参考程序】

```
#include <stdio.h>
struct STUDENT
{   char name[8];
    int score;
}s;
void main()
{
    int n1,ave,n2;
    FILE *p1,*p2;
    p1=fopen("c.dat","r");
    p2=fopen("score60.dat","w");
    n1=ave=n2=0;
    while(!feof(p1))
    {
        fscanf(p1,"%s%d",s.name,&s.score);
        n1++;
        ave=ave+s.score;
        if(s.score>=60)
        {
            fprintf(p2,"%s %d\n",s.name,s.score);
            n2++;
        }
    }
    printf("Num=%d\tAve=%d\t>=60:%d\n",n1,ave/n1,n2);
    fclose(p1);
    fclose(p2);
}
```

11.5 习   题

1. 函数 $z=f(x,y)=(3.14*x-y)/(x+y)$，若 x、y 取值为区间[1,6]的整数，找出使 z 取最小值的 x、y，并将 x、y 以格式"%d,%d"写入文件 CD1.dat 中。

2. 按下面要求编写程序：

（1）定义函数 f(x)计算$(x+1)^2$，函数返回值类型是 double。

（2）输出一张函数表（表 11-1），保存到文件 CD2.dat，x 的取值返回是[-1, 1]，每次增加 0.1，$y=(x+1)^2$，要求调用函数 f(x)计算$(x+1)^2$。

表 11-1 函数表

x	y
−1	0.00
−0.9	0.01
...	...
0.9	3.61
1	4.00

3. 将二维数组 a 中的每一行均除以该行主对角线上的元素（第 1 行同除以 a[0][0]，第 2

行同除以 a[1][1]，……），然后将 a 数组写入文件 CD3.dat。

　　4. 将满足条件 pow(1.05,n)<1e6<pow(1.05,n+1) 的 n、pow(1.05,n) 值写入二进制文件 CD4.dat 中。

```c
#include <stdio.h>
#include <math.h>
void main()
{   FILE *fp; double a=1.05; long n=1;
    /****在以下空白处写入执行语句******/




    /****在以上空白处写入执行语句******/
    printf("%d  %.4f\n",n,a);
    fp=fopen("CD4.dat","wb");
    fwrite(&a,8,1,fp);
    fclose(fp);
}
```

附录 A

笔试模拟试卷及参考答案^①

模拟试卷一

一、程序阅读与填空（24 小题，每小题 3 分，共 72 分）

1. 【程序说明】输入一个正整数 m，判断它是否为素数。素数就是只能被 1 和它自身整除的正整数，如 1 不是素数，2 是素数。

运行示例：

```
Enter m:9
9 is not a prime.
Enter m:79
79 is a prime.
```

【程序】

```c
#include <stdio.h>
#include <math.h>
void main()
{ int j,k,m;
  printf("Enter m:");
  scanf("%d",&m);
  k=sqrt(m);
  for(j=2;_____(1)_____;j++)
     if(_____(2)_____)_____(3)_____;
  if(j>k &&_____(4)_____)
     printf("%d is a prime.\n",m);
  else
     printf("%d is not a prime.\n",m);
}
```

（1）A. j>k   B. j<=k   C. j>m   D. j<n
（2）A. m%j==0   B. m%j=0   C. m%j!=1   D. m%j==1
（3）A. return   B. break   C. go   D. continue
（4）A. m==1   B. m!=2   C. m!=1   D. m==2

2. 【程序说明】输入一个正整数 n1，再输入第一组 n1 个数，这些数已按从小到大的顺序排列，然后输入一个正整数 n2，随即输入第二组 n2 个数，它们也按从小到大的顺序排列，要求将这两组数合并，合并后的数应按从小到大的顺序排列。要求定义和调用函数 merge

---

① 注：附录 A 中的试卷引自考试真题，有些题目有重复，为了保持各试卷的完整性，在此不做删除处理。

(list1,n1,list2,n2,list,n)，其功能是将数组 list1 的前 n1 个数和数组 list2 的前 n2 个数共 n=n1+n2 个数合并存入数组 list，其中 list1 的前 n1 个数和 list2 的前 n2 个数分别按从小到大的顺序排列，合并后的数组 list 的前 n 个数也按从小到大的顺序排列。

运行示例：

```
Enter n1:6
Enter 6 integers:2 6 12 39 50 99
Enter n2:5
Enter 5 integers:1 3 6 10 35
Merged:1 2 3 6 6 10 12 35 39 50 99
```

【程序】

```
#include <stdio.h>
void merge(int list1[],int n1,int list2[],int n2,int list[], __(5)__ )
{
  int i,j,k;
        (6)
  while(i<n1&&j<n2){
      if(_____(7)_____) list[k]=list1[i++];
      else list[k]=list2[j++];
      k++;
      }
  while(i<n1) list[k++]=list1[i++];
  while(j<n2) list[k++]=list2[j++];
            (8)          ;
}
void main()
{ int i,n1,n2,n,list1[100],list2[100],list[100];
  printf("Enter n1:");
  scanf("%d",&n1);
  printf("Enter %d integers:",n1);
  for(i=0;i<n1;i++)
    scanf("%d",&list1[i]);
  printf("Enter n2:");
  scanf("%d",&n2);
  printf("Enter %d integers:",n2);
  for(i=0;i<n2;i++)
    scanf("%d",&list2[i]);
  merge(list1,n1,list2,n2,list,&n);
  printf("Merged:");
  for(i=0;i<n;i++)
      printf("%d ",list[i]);
  printf("\n");
}
```

（5）A. int &n   B. int n   C. n   D. int *n
（6）A. i=j=0;   B. i=j=k=1;   C. i=j=k=0;   D. k=0;
（7）A. list1[k]<list2[j]   B. list1[i]<list2[j]
      C. list1[i]<list2[k]   D. list1[i]>list2[j]
（8）A. *n=k   B. return n1+n2   C. n=k   D. return k

3. 【程序说明】为了防止信息被别人轻易窃取，需要把电码明文通过加密方式变换成密文。变换规则如下：小写字母 z 变换成 a，其他字符变换成该字符 ASCII 码顺序后 1 位的字符，比如 o 变换成 p。

输入一个字符串（少于 80 个字符），输出相应的密文。要求定义和调用函数 encrypt(s)，该函数将字符串 s 变换为密文。

运行示例：

```
Input the string:hello hangzhou
After being encrypted:ifmmp!ibohaipv
```

【程序】

```
#include <stdio.h>
#include <string.h>
void encrypt(char *);
void main()
{ char line[80];
  printf("Input the string:");
  gets(line);
        (9)       ;
  printf("After being encrypted:%s\n",line);
}
void encrypt(char s[])
{
  int i;
  for(i=0;      (10)     ;i++)
    if(s[i]=='z')          (11)
    else        (12)
}
```

（9）A. encrypt(line[])   B. encrypt(line)

    C. encrypt(&line)   D. encrypt(*line)

（10）A. s[i]=='\0'   B. i<80

    C. s[i]!='\0'   D. i<=80

（11）A. s[i]='A';   B. s[i]='b';

    C. s[i]=s[i]+1;   D. s[i]='a';

（12）A. s[i]=s[i] −1;   B. s[i]='p';

    C. s[i]=s[i]+1;   D. s[i]='a';

4. 【程序】

```
#include <stdio.h>
void main()
{ int a=5,i=0;
  char s[10]="abcd";
  printf("%d %d\n",1<a<3,!!a);
  printf("%d %d\n",a<<2,a & 1);
  while(s[i++]!='\0')
      putchar(s[i]);
  printf("\n%d\n",i);
}
```

（13）程序运行时，第 1 行输出_____。

A. 1 1   B. 0 0   C. 0 1   D. 1 0

（14）程序运行时，第 2 行输出_____。

A. 20 1   B. 20 5   C. 10 1   D. 10 5

（15）程序运行时，第 3 行输出_____。

A. abcd   B. abc   C. Abcd\0   D. bcd

（16）程序运行时，第 4 行输出_____。

A. 4   B. 6   C. 0   D. 5

5.【程序】

程序 1

```c
#include <stdio.h>
void main()
{ int n,s=1;
  scanf("%d",&n);
  while(n!=0){
      s*=n%10;
      n/=10;
      }
  printf("%d\n",s);
}
```

程序 2

```c
#include <stdio.h>
void main()
{ char c;
  while((c=getchar())!='0'){
      switch(c){
          case '1' :
          case '9' : continue;
          case 'A' : putchar('a');
                     continue;
          default : putchar(c);
          }
      }
}
```

（17）程序 1 运行时，输入 1234，输出_____。

A. 0   B. 1   C. 24   D. 10

（18）程序 1 运行时，输入 0，输出_____。

A. 0   B. 1   C. 24   D. 10

（19）程序 2 运行时，输入 A1290，输出_____。

A. a2   B. aA129   C. A129   D. A1290

（20）程序 2 运行时，输入 B1340，输出_____。

A. B340   B. B34   C. B1340   D. B134

6.【程序】

```c
#include <stdio.h>
void main()
{ int i,j;
  static int a[4][4];
  for(i=0;i<4;i++){
      for(j=0;j<4;j++){
          if(j>=i)a[i][j]=i+1;
          printf("%d ",a[i][j]);
          }
      printf("\n");
      }
}
```

（21）程序运行时，第 1 行输出_____。

A. 0 0 0 0 　　　　B. 0 1 1 1 　　　　C. 1 1 1 1 　　　　D. 0 0 1 1

（22）程序运行时，第 2 行输出_____。

A. 2 2 2 2 　　　　B. 1 1 1 1 　　　　C. 0 1 1 1 　　　　D. 0 2 2 2

（23）程序运行时，第 3 行输出_____。

A. 0 0 2 2 　　　　B. 2 2 0 0 　　　　C. 1 2 3 4 　　　　D. 0 0 3 3

（24）程序运行时，第 4 行输出_____。

A. 0 0 0 4 　　　　B. 4 0 0 0 　　　　C. 0 0 0 3 　　　　D. 4 3 2 1

二、程序编写（每题 14 分，共 28 分）

1. 输入 2 个正整数 m 和 n（1≤m≤6，1≤n≤6），然后输入矩阵 a（m 行 n 列）中的元素，分别计算并输出各元素之和。

2. 按下面要求编写程序：

（1）定义函数 fun(x)计算 $x^2-3.14x-6$，函数返回值类型是 double。

（2）输出一张函数表（见表 1），x 的取值范围是[-10，+10]，每次增加 1，$y=x^2-3.14x-6$。要求调用函数 fun(x)计算 $x^2-3.14x-6$。

表 1　函数表 1

x	y
-10	125.40
-9	103.26
……	……
9	46.74
10	62.6

模拟试卷一参考答案

一、程序阅读与填空

1	2	3	4	5	6	7	8	9	10	11	12
B	A	B	C	D	C	B	A	B	C	D	C
13	14	15	16	17	18	19	20	21	22	23	24
A	A	D	D	C	B	A	B	C	D	D	A

二、程序编写

程序题 1

【参考程序】

```
#include<stdio.h>
void main()
{
    int m,n,a[6][6],sum=0,i,j;
    scanf("%d%d",&m,&n);
```

```
    for (i=0; i<m; i++)
        for (j=0; j<n; j++)
        {   scanf("%d",&a[i][j]);
            sum+=a[i][j];
        }
        printf("sum=%d\n",sum);
}
```

程序题 2

【参考程序】

```
#include<stdio.h>
double fun ( int x)
{
    return x*x-3.14*x-6;
}
void main()
{
    int x;
    double y;
    printf(" x        y\n");
    for(x=-10;x<=10;x++)
    {   y=fun(x);
        printf("%3d    %5.2lf\n", x, y);
    }
}
```

模拟试卷二

一、程序阅读与填空（24 小题，每小题 3 分，共 72 分）

1.【程序说明】输入一个正整数 n，再输入 n 个整数，判断它们是否按从大到小的顺序排列。

运行示例：

```
Enter n: 6
Enter 6 integers: 1 3 6 40 12 50
Sorted: No
Enter n: 5
Enter 5 integers: 10 8 7 3 1
Sorted: Yes
```

【程序】

```c
#include <stdio.h>
void main()
{ int cur, i, n, pre;
  printf("Enter n:");
  scanf("%d",&n);
      (1)
  scanf("%d",&pre);
  for(i=1; i<n; i++){
        (2)
      if(cur > pre)____(3)____;
        (4)
    }
  if(i>=n) printf("Sorted: Yes.\n");
  else  printf("Sorted: No\n");
}
```

（1）A. printf("Enter integers:", n);　　　　　B. printf("Enter 6 integers:");

　　 C. printf("Enter %d integers:");　　　　 D. printf("Enter %d integers:", n);

（2）A. scanf("%d", &pre);　　　　　　　　 B. ;

　　 C. scanf("%d", &cur);　　　　　　　　 D. scanf("%d", &n);

（3）A. cur=n　　　　　　　　　　　　　　 B. break

　　 C. pre=n　　　　　　　　　　　　　　 D. continue

（4）A. pre=cur;　　　　　　　　　　　　　 B. cur=0;

　　 C. cur=pre;　　　　　　　　　　　　　 D. pre=0;

2.【程序说明】输出 10 到 99 之间各位数字之和为 12 的所有整数。要求定义和调用函数 sumdigit(n) 计算整数 n 的各位数字之和。

运行示例：

```
39 48 57 66 75 84 93
```

【程序】

```c
#include <stdio.h>
void main()
{ int i; int sumdigit(int n);
  for(i=10; i<=99; i++)
    if(____(5)____)
```

```
        printf("%d ", i);
   printf("\n");
}
int sumdigit(int n)
{
   int sum;
_____(6)_____
   do{
_____(7)_____
_____(8)_____
   }while(n!=0);
   return sum;
}
```

（5）A. sumdigit(i)==12   B. sumdigit(i)==i

  C. sumdigit(n)==n   D. sumdigit(n)==12

（6）A. sum=sum;   B. sum=0;

  C. ;   D. sum=n;

（7）A. sum=0;   B. sum=sum+n;

  C. sum=sum+n%10;   D. sum=sum+n/10;

（8）A. n=n*10;   B. n=n%10;

  C. n=n-10;   D. n=n/10;

3. 【程序说明】输入一个字符串（少于 80 个字符），将其两端分别加上括号后组成一个新字符串。要求定义和调用函数 cat(s, t)，该函数将字符串 t 连接到字符串 s 后面。

运行示例：

```
Enter a string: hello
After: (hello)
```

【程序】

```
#include <stdio.h>
void cat(char *s, char *t)
{
    int i,j;
    i=0;
    while(s[i] != '\0')
       i++;
_____(9)_____
    while(t[j]!='\0'){
_____(10)_____
       j++;
       }
_____(11)_____
}
void main()
{ char s[80] = "(", t[80];
  printf("Enter a string:");
  gets(t);
_____(12)_____
  cat(s, ")");
  printf("After: ");
  puts(s);
}
```

（9）A. j=0; B. s[i]='\0'; C. i--; j=0; D. j=i;
（10）A. s[i]=t[j]; B. t[j]=s[i]; C. s[i+j]=t[j]; D. t[i]=s[j];
（11）A. t[j]='\0'; B. s[i+j]='\0'; C. s[j]='\0'; D. t[i]='\0';
（12）A. cat("(", t); B. cat(t, s); C. cat("(", t, ")"); D. cat(s, t);

4. 【程序】

```
#include <stdio.h>
void f1(int n)
{ while(n--)
    printf("%d ", n);
  printf("%d\n", n);
}
int f2(int n)
{ if(n <= 2) return 1;
  else return f2(n-1)+f2(n-2);
}
void main()
{ int a=4;
  printf("%d %d\n", a != a, a && 10);
  printf("%d %d\n", ~(~a^a), a|1);
  f1(3);
  printf("%d %d\n", f2(4), f2(5));
}
```

（13）程序运行时，第1行输出_____。
A. 0 1   B. 1 0   C. 0 4   D. 1 10
（14）程序运行时，第2行输出_____。
A. 1 4   B. 0 5   C. 0 4   D. 0 1
（15）程序运行时，第3行输出_____。
A. 3 2 1 0   B. 3 1   C. 2 1 0 −1   D. 2 1 0
（16）程序运行时，第4行输出_____。
A. 3 4   B. 2 3   C. 5 8   D. 3 5

5. 【程序】
程序1

```
#include "stdio.h"
void main()
{ int i, j, n = 4;
  for(i=1; i<n; i++){
    for(j=1; j<=i; j++)
        putchar('*');
    putchar('\n');
    }
}
```

程序2

```
#include <stdio.h>
int f(int n)
{ static int k=1;
  k++;
  return 2*n + k;
}
void main()
```

```
{
  printf("%d\n", f(4));
  printf("%d\n", f(f(4)));
}
```

（17）程序 1 运行时，第 1 行输出_____。

A. *****   B. ****   C. **   D. *

（18）程序 1 运行时，第 2 行输出_____。

A. *****   B. ****   C. **   D. *

（19）程序 2 运行时，第 1 行输出_____。

A. 26   B. 10   C. 22   D. 6

（20）程序 2 运行时，第 2 行输出_____。

A. 26   B. 7   C. 22   D. 6

6. 【程序】

```
#include <stdio.h>
void main()
{ int i,j;
  char *s[4]={"five", "four", "three", "seven"};
  for(i=0; i<4; i++)
     for(j=i; j<4-i; j++){
        printf("%s\n",s[i] + j);
}
```

（21）程序运行时，第 1 行输出_____。

A. three   B. five

C. four   D. seven

（22）程序运行时，第 2 行输出_____。

A. our   B. hree

C. even   D. ive

（23）程序运行时，第 3 行输出_____。

A. ve   B. ree

C. ur   D. ven

（24）程序运行时，第 4 行输出_____。

A. n   B. r

C. e   D. en

二、程序编写（每题 14 分，共 28 分）

1. 输入 1 个正整数 n（1≤n≤6），再输入一个 n 行 n 列的矩阵，统计并输出该矩阵中非零元素的数量。

2. 按下面要求编写程序：

（1）定义函数 power(x, n)计算 x 的 n 次幂（x^n），函数返回值类型是 double。

（2）定义函数 main()，输入正整数 n，计算并输出下列算式的值。要求调用函数 power(x, n)计算 x 的 n 次幂。

$$s=2+2^2+2^3+\cdots\cdots+2^n$$

模拟试卷二参考答案

一、程序阅读与填空

1	2	3	4	5	6	7	8	9	10	11	12
D	C	B	A	A	B	C	D	A	C	B	D

13	14	15	16	17	18	19	20	21	22	23	24
A	B	C	D	D	C	B	A	B	D	A	C

二、程序编写

程序题 1

【参考程序】

```
#include<stdio.h>
void main()
{
    int n, i, j, x, y=0;
    scanf ("%d", &n);
    for (i=0;i<n; i++)
        for (j=0;j<n; j++)
        { scanf ("%d", &x);
            if (x!=0)  y++;
        }
    printf("%d",y);
}
```

程序题 2

【参考程序】

```
#include<stdio.h>
double power (int x, int n)
{   int i;
    double y=x;
    for (i=1;i<n;i++)
            y*=x;
    return y;
}
void main()
{   int n, i;
    double s=0;
    scanf ("%d", &n);
    for (i=1; i<=n; i++)
            s+=power(2,i);
    printf("%f",s);
}
```

模拟试卷三

一、程序阅读与填空（24 小题，每小题 3 分，共 72 分）

1. 【程序说明】输入一批整数（以零或负数为结束标志），求最大值。

运行示例：

```
Enter integers: 9 33 69 10 31 -1
Max = 69
```

【程序】

```
#include <stdio.h>
void main()
{
  int x,max;
  printf("Enter integers:");
  scanf("%d",&x);
  _____(1)_____
  while(_____(2)_____){
    if(max<x)max=x;
    _____(3)_____;
  }
  printf("max = _____(4)_____",max);
}
```

（1）A. max=x　　　B. x=max　　　C. max=0　　　D. max=10000

（2）A. x>=0　　　B. x>0　　　C. x !=0　　　D. x<0 ‖ x==0

（3）A. scanf("%d",x)　　　　　　B. scanf("%d",&x)

　　　C. x=max　　　　　　　　　D. max=x

（4）A. max　　　B. %.f　　　C. %d　　　D. %x

2. 【程序说明】输入 x，求下列算式的值，要求精确到最后一项的绝对值小于 10^{-4}。定义和调用函数 fun(x,e)，计算下列算式的值，e 为精度。

$$S=1-x^2/2!+x^4/4!-x^6/6!+\cdots+(-1)^n x^{2n}/(2n)!$$

运行示例：

```
Enter x: 1.57
s = 0.00
```

【程序】

```
#include <stdio.h>
#include <math.h>
void main()
{
  double s,x;
  double fun(double x,double e);
  printf("Enter x:");
  scanf("%lf",&x);
  s=_____(5)_____;
  printf("s = %.2f\n",s);
}
double fun(double x,double e)
```

```
{
    int i=1;
    double item=1,sum=1;
    while(_____(6)_____){
        item=_____(7)_____;
        sum=sum+item;
        i++;
    }
    _____(8)_____;
}
```

（5）A. fun(0.0001,x)   B. fun(x,0)

   C. fun(x,1E−4)   D. fun(x,0.001)

（6）A. |item|<e   B. fabs(item)<e

   C. item>e   D. fabs(item)>=e

（7）A. item*x*x/((i−1)*i)   B. item*x*x/((2*i−1)*(2*i))

   C. -item*x*x/(2*i−1)/(2*i) D. -item*x*x/(2*i−1)*(2*i)

（8）A. return   B. return sum   C. return item   D. return sum+1

3.【程序说明】输入一个字符串（少于 40 个字符），生成相应的回文字符串。要求定义和调用函数 f(s)，该函数将字符串 s 转换为回文字符串。

运行示例：

```
Input: hello
Output: helloolleh
```

【程序】

```
#include <stdio.h>
#define MAXLEN 80
void main()
{
    char str[MAXLEN];
    char *f(char *str);
    printf("Input:");
    gets(str);
    printf("Output:");
    puts(_____(9)_____);
}
char *f(char *s)
{
    char *p,*h;
    h=s;
    while(*s!='\0')
        s++;
    p=s;
    while(_____(10)_____){
        *s=*p;
        s++;
    }
    _____(11)_____;
    _____(12)_____;
}
```

（9）A. f(str)   B. str   C. f   D. f(s)

（10）A. p-- !=h   B. --p !=h   C. p !=h   D. p !=s

（11）A. *p='\0'   B. *(--s)='\0'   C. *h='\0'   D. *s='\0'

（12）A. return s   B. return p   C. return   D. return h

4. 【程序】

```c
#include <stdio.h>
void main()
{
  int base,i=0,n,a[32];
  scanf("%d%d",&n,&base);
  while(n!=0){
      if(n%base!=0)
          a[i]=n%base;
      else
          a[i]=0;
      i++;n=n/base;
      }
  for(i=i-1;i>=0;i--)
     printf("%d",a[i]);
}
```

（13）程序运行时，输入 6 2，输出_____。

A. 110   B. 011   C. 11   D. 26

（14）程序运行时，输入 13 2，输出_____。

A. 110   B. 1101   C. 132   D. 101

（15）程序运行时，输入 10 8，输出_____。

A. 108   B. 21   C. 12   D. 1

（16）程序运行时，输入 8 9，输出_____。

A. 9   B. 11   C. 1   D. 8

5. 【程序】

```c
#include <stdio.h>
#include <string.h>
int f(char *s,char left,char right)
{
  int i,k=0;
  for(i=0;s[i]!='\0';i++)
     if(s[i]>=left && s[i]<=right)
        k++;
  return k;
}
void main()
{
  char s[]="Windows2007,QQ2013";   /*字符串中无空格*/
  int a,b,c;
  a=f(s,'A','Z');
  b=f(s,'a','z');
  c=f(s,'0','5');
  printf("%d\n%d\n%d\n%d\n",a,b,c,strlen(s)-a-b-c);
}
```

（17）程序运行时，第 1 行输出_____。

A. 2   B. 3   C. 1   D. 0

（18）程序运行时，第 2 行输出_____。

A. 6   B. 9   C. 0   D. 18

（19）程序运行时，第 3 行输出_____。

A. 8   B. 0   C. 7   D. 3

（20）程序运行时，第 4 行输出_____。

A. 18   B. 1   C. 2   D. 0

6. 【程序】

```c
#include <stdio.h>
int f(int a[],int n)
{
  int i;
  while(n>1){
      for(i=0;i<n-1;i++){
          a[i]=a[i+1]-a[i];
          }
      for(i=0;i<n;i++){
          printf("%d ",a[i]);
          }
      printf("\n");
      n--;
      }
}
void main()
{
  static int a[100]={1,3,2,9,4};
  f(a,5);
}
```

（21）程序运行时，第 1 行输出_____。

A. 1 3 2 9 4   B. 2 −1 7 −5 4   C. 2 −1 7 −5   D. 2 −1 7 −5 −4

（22）程序运行时，第 2 行输出_____。

A. −3 8 −12 −5   B. −3 8 −12   C. −3 8 −12 9   D. 2 −1 7

（23）程序运行时，第 3 行输出_____。

A. 11 −20   B. −3 8   C. 11 −20 −12 7   D. 11 −20 −12

（24）程序运行时，第 4 行输出_____。

A. −31   B. 11 −20   C. −31 20   D. −31 −20

二、程序编写（每题 14 分，共 28 分）

1. 输入两个正整数 m 和 n（1≤m≤6，1≤n≤6），然后输入矩阵 a（m 行 n 列）中的元素，计算和输出所有元素的平均值，再统计和输出大于平均值的元素的个数。

2. 按下面要求编写程序：

（1）定义函数 fact(n)计算 n!，函数返回值类型是 double。

（2）定义函数 main()，输入正整数 n，计算并输出下列算式的值。要求调用函数 fact(n)计算 n!。

$$S=1/2!+2/3!+3/4!\cdots\cdots+n/(n+1)!$$

模拟试卷三参考答案

一、程序阅读与填空

1	2	3	4	5	6	7	8	9	10	11	12
A	B	B	C	C	D	C	B	A	A	D	D
13	14	15	16	17	18	19	20	21	22	23	24
A	B	C	D	B	A	C	C	B	A	D	D

二、程序编写

程序题 1

【参考程序】

```c
#include<stdio.h>
void main()
{   int i,j,m,n,a[6][6],count=0,ave=0;
    scanf( "%d%d", &m, &n);
    for( i=0;i<m;i++)
        for( j=0;j<n;j++)
        {   scanf("%d",&a[i][j]);
            ave+=a[i][j]; }
    ave/= m*n;
    for( i=0;i<m;i++)
        for( j=0;j<n;j++)
        {   if(a[i][j]>ave)
                count++;    }
    printf("%d  %d\n",ave,count);
}
```

程序题 2

【参考程序】

```c
#include<stdio.h>
double fact(int n)
{   double jc=1;
    int i;
    for( i=1;i<=n; i++)
        jc*=i;
    return jc;
}
void main()
{   int i,n,count;
    double s=0;
    scanf("%d",&n);
    for( i=1; i<=n; i++)
        s+=i/fact(i+1);
    printf("%f\n",s);
}
```

模拟试卷四

一、程序阅读与填空（24 小题，每小题 3 分，共 72 分）

1. 【程序说明】输入 1 个正整数 n（n≥2），输出斐波那契（Fibonacci）序列的前 n 项，每行输出 5 个数。斐波那契（Fibonacci）序列为：1，1，2，3，5，8，13，……，数列的前两个数都是 1，从第三个数开始，每个数是前两个数的和。

运行示例：

```
Enter n: 9
    1    1    2    3    5
    8   13   21   34
```

【程序】

```c
#include <stdio.h>
void main()
{
  int i, n, a[100];
  printf("Enter n:");
  scanf("%d",&n);
      (1)
  for(i = 2; i < n; i++)
      (2)
  for(       (3)       ){
     printf("%6d", a[i]);
     if(    (4)     && i != 0)
        printf("\n");
     }
}
```

（1）A. a[0]=a[1]=0   B. a[0]=a[1]=1

     C. a[0]=0   D. a[1]=1

（2）A. a[i−1]=a[i] + a[i−2]   B. a[i−2]=a[i] − a[i−1]

     C. a[i]=a[i−1] + a[i−2]   D. a[i+1]=a[i] + a[i−1]

（3）A. i=n; i>0; i--   B. i=2; i<n; i++

     C. i=n−1; i>=0; i--   D. i=0; i<n; i++

（4）A. i % 5==0   B. (i+1) % 5==0

     C. i / 5==0   D. i==5

2. 【程序说明】输入一个正整数 n（1<n≤6），根据下式生成一个 n×n 的方阵，将该方阵转置（行列互换）后输出。

$$a[i][j]=i*n+j+1 \quad (0≤i≤n-1, \ 0≤j≤n-1)$$

运行示例：

```
Enter n: 3
   1   4   7
   2   5   8
   3   6   9
```

【程序】

```c
#include <stdio.h>
void main()
{
  int i,j,n,temp,a[6][6];
  printf("Enter n:");
  scanf("%d",&n);
  for(i=0; i<n; i++)
      for(j=0; j<n; j++)
            _____(5)_____;
  for(i=0; i<n; i++)
      for(_____(6)_____)
            _____(7)_____;
  for(i=0; i<n; i++){
      for(j=0; j<n; j++)
          printf("%4d",a[i][j]);
          _____(8)_____;
  }
}
```

（5）A. a[i][j]=i*n+j+1   B. a[i][j]=0

    C. a={1,2,3,4,5,6,7,8,9}   D. scanf("%d",&a[i][j])

（6）A. j=0; j<n; j++   B. i=0; i<j; i++

    C. j=i; j<n; j++   D. i=0; i<n; i++

（7）A. temp=a[i][j]; a[i][j]=a[j][i]; a[j][i]=temp;

    B. {temp=a[i][j]; a[i][j]=a[j][i]; a[j][i]=temp;}

    C. {temp=a[i][j]; a[j][i]=temp; a[i][j]=a[j][i];}

    D. temp=a[i][j]; a[j][i]=temp; a[i][j]=a[j][i];

（8）A. putchar(' ')   B. printf("\0")   C. getchar()   D. printf("\n")

3. 【程序说明】输入 1 个字符 ch 和 1 个正整数 n（n<80），输出由 n 个 ch 字符组成的字符串。要求定义和调用函数 newstr(str,ch,n)，该函数返回字符串 str 的基地址，str 中有 n 个 ch 字符。

运行示例：

```
Enter ch: s
Enter n: 5
string: sssss
```

【程序】

```c
#include <stdio.h>
char *newstr(char *str, char ch, int n)
{
  int i;
  for(i=0; i<n; i++){
          _____(9)_____;
      }
      _____(10)_____;
  return str;
}
void main()
{
  char ch,s[80];
  int n;
```

```
    printf("Enter ch:");
    scanf("_____(11)_____", &ch);
    printf("Enter n:");
    scanf("%d", &n);
    printf("string:");
    puts(_____(12)_____);
}
```

（9）A. str[i]=n   B. (*str)++   C. str[i]=ch   D. *str=++ch

（10）A. *str='\0' B. str='\0'   C. str[i]=ch   D. str[i]='\0'

（11）A. %f   B. %c   C. %e   D. %s

（12）A. newstr(str,ch,n)   B. str

   C. newstr(s,ch,n)   D. s

4. 【程序】

```
#include <stdio.h>
int f1()
{ return 0Xf0 | 2;
}
int f2(char c)
{ int k=0;
  switch(c){
      case 'a':k = k+1; break;
      case 'b':k = k+2;
      case 'c':k = k+3;}
  return k;
}
int f3(int a,int b,int c)
{ if(a<b)
  if(b<0)c=0;
  else c++;
  return c;
}
void main()
{ printf("%d\n",NULL);
  printf("%x\n",f1());
  printf("%d %d\n",f2('b'),f2('c'));
  printf("%d\n",f3(2,-1,2));
}
```

（13）程序运行时，第 1 行输出_____。

A. 0   B. NULL   C. −1   D. 1

（14）程序运行时，第 2 行输出_____。

A. f1   B. f2   C. f0   D. 2

（15）程序运行时，第 3 行输出_____。

A. 1 3   B. 1 2   C. 2 3   D. 5 3

（16）程序运行时，第 4 行输出_____。

A. 1   B. 0   C. 3   D. 2

5. 【程序】

程序 1

```
#include <stdio.h>
int f1(int n)
```

```
{
  static int r=1;
  return r=r*n;
}
void main()
{ int i;
  for(i=1;i<=6;i++)
    printf("%d\n",f1(i));
}
```

程序 2

```
#include <stdio.h>
int f2(int n)
{
  if(n==1)return 1;
  else return n*f2(n-1);
}
void main()
{ int i;
  for(i=1;i<=6;i++)
    printf("%d\n",f2(i));
}
```

（17）程序 1 运行时，第 2 行输出_____。

A. 2   B. 1   C. 4   D. 6

（18）程序 1 运行时，第 4 行输出_____。

A. 4   B. 24   C. 6   D. 120

（19）程序 2 运行时，第 3 行输出_____。

A. 6   B. 2   C. 24   D. 1

（20）程序 2 运行时，第 5 行输出_____。

A. 24   B. 720   C. 6   D. 120

6. 【程序】

```
#include <stdio.h>
void main()
{
  int i,j;
  static a[4][4];
  for(i=0;i<4;i++){
    for(j=0;j<4;j++){
      if(j==0 || j==3)a[i][j]=i;
      if(j==i)a[i][j]=i;
      if(j+i==3)a[i][j]=j;
      if(i==0 || i==3)a[i][j]=j;
      printf("%d ",a[i][j]);
      }
    printf("\n");
  }
}
```

（21）程序运行时，第 1 行输出_____。

A. 0 1 2 3   B. 0 0 0 0   C. 0 0 0 3   D. 0 0 1 1

（22）程序运行时，第 2 行输出_____。

A. 1 1 2 1   B. 1 1 0 1   C. 0 0 0 0   D. 1 0 0 1

（23）程序运行时，第 3 行输出_____。

A. 2 0 0 2   B. 0 0 0 0   C. 2 1 2 2   D. 2 0 2 2

（24）程序运行时，第 4 行输出_____。

A. 0 0 0 3   B. 0 0 0 0   C. 0 1 2 3   D. 3 0 0 3

二、程序编写（每题 14 分，共 28 分）

1. 输入 100 个整数，将它们存入数组 a 中，先查找数组 a 中的最大值 max，再统计数组 a 中与 max 值相同的元素的个数，最后输出最大值及个数。

2. 按下面要求编写程序：

（1）定义函数 fun(x) 计算 $x^3+2.0x^2-3.9x+8$，函数返回值类型是 double。

（2）输出一张函数表（表2），x 的取值范围是 [−2,2]，每次增加 0.5，$y=x^3+2.0x^2-3.9x+8$。要求调用函数 fun(x) 计算 $x^3+2.0x^2-3.9x+8$。

表 2　函数表 2

x	y
−2	15.8
−1.5	14.97
……	……
1.5	10.03
2	16.20

模拟试卷四参考答案

一、程序阅读与填空

1	2	3	4	5	6	7	8	9	10	11	12
B	C	D	B	A	C	B	D	C	D	B	C

13	14	15	16	17	18	19	20	21	22	23	24
A	B	D	D	A	B	A	D	A	A	C	C

二、程序编写

程序题 1

【参考程序】

```c
#include<stdio.h>
void main()
{   int a[100],max,i,count=0;
    scanf("%d",&a[0]);
    max=a[0];
    for(i=1; i<5; i++)
    {
        scanf("%d",&a[i]);
        if(a[i]>max) max=a[i];
    }
    for(i=0; i<5; i++)
```

```
        if( max==a[i]) count++;
    printf("%d %d\n",max,count);
}
```

程序题 2

【参考程序】

```c
#include<stdio.h>
double fun(double x)
{
    return x*x*x+2.0*x*x-3.9*x+8;
}
void main()
{
    double x;
    printf("   x        y\n");
    for (x=-2;x<=2;x+=0.5)
        printf("%5.1f      %5.2f\n",x,fun(x));
}
```

模拟试卷五

一、程序阅读与填空（24 小题，每小题 2 分，共 48 分）

1. 【程序说明】输入正整数 n，计算并输出 1/2 + 2/3 + 3/5 + 5/8 +……的前 n 项之和，保留 2 位小数。

【程序】

```
#include <stdio.h>
void main()
{ int i,n;
  double denominator,numerator,sum,temp;
  scanf("%d",&n);
  numerator=1;
  denominator=2;
  sum=0;
  for(i=1;____(1)____;i++){
      sum=sum+____(2)____;
      temp=denominator;
      ____(3)____;
      ____(4)____;
  }
  printf("sum=%.2f\n",sum);
}
```

（1）A. i<n   B. i>=n   C. i>n   D. i<=n

（2）A. denominator/numerator   B. numerator/denominator

      C. numerator   D. denominator

（3）A. numerator=numerator+denominator   B. denominator=numerator

      C. denominator=numerator+denominator   D. numerator=temp

（4）A. numerator=temp   B. denominator=numerator

      C. numerator=denominator   D. denominator=temp

2. 【程序说明】输出 150 到 200 之间有且仅有一位数字是 9 的所有整数。要求定义和调用函数 is(n, digit)，以判断正整数 n 是否有且仅有一位数字是 digit，若是则返回 1，否则返回 0。

运行示例：

159　169　179　189　190　191　192　193　194　195　196　197　198

【程序】

```
#include <stdio.h>
void main()
{ int i; int is(int n,int digit);
  for(i=150;i<=200;i++)
      if (____(5)____) printf("%d ",i);
  printf("\n");
}
int is(int n,int digit)
{ int count=0;
  do{
      if (____(6)____) count++;
      n=n/10;
  }while(____(7)____);
  if (____(8)____) return 1;
```

```
    else return 0;
}
```

（5）A. !is (n, digit)　　　B. is (i, 9)!=0　　　　C. is (n, 9)!=0　　　D. is (i, 9)==0

（6）A. n%10==9　　　　B. n%10==digit　　　C. n/10==digit　　　D. n==digit

（7）A. n%10 !=0　　　　B. n/10 !=0　　　　　C. n==0　　　　　　D. n !=0

（8）A. count !=0　　　　B. count !=1　　　　　C. count==0　　　　D. count==1

3. 【程序说明】输入 1 个以回车结束的字符串（少于 10 个字符），将其中的数字字符转换为整数后输出，要求定义和调用函数 atoi(s)，该函数将字符串 s 转换为整数。

　　运行示例：Enter a string：1+2=3

　　　　　　　The　integer：123

【程序】

```
#include <stdio.h>
int atoi(char *s)
{ int i,sum=0;
   for(i=0;    (9)    ;i++)
      if (s[i]>='0' && s[i]<='9')
             (10)      ;
   return sum;
}
void main()
{ int i=0; char s[80];
   printf("Enter a string:");
   while((s[i]=getchar())!='\n')
      i++;
      (11)
   printf("The integer: %d\n",    (12)    );
}
```

（9）A. i<n　　　　　　B. sum !=0　　　　　C. s[i] !='\0'　　　D. s[i]='\0'

（10）A. sum=sum + s[i] - '0'　　　　　　　B. sum=sum*10 + s[i]

　　　C. sum=sum + s[i]　　　　　　　　　D. sum=sum*10 + s[i] - '0'

（11）A. s[i]='\0' ;　　　B. ;　　　　　　　C. i -- ;　　　　　D. s[i] !='\0' ;

（12）A. atoi (s)　　　　B. atoi (char *s)　　C. atoi (*s)　　　D. sum

4. 【程序】

```
#include <stdio.h>
#define T(c)  (c==c==c)
double f1()
{ int x;
   return x=7%4;
}
void f2(int n)
{ for(;n>=1;n--)
     printf("%2d",n%3);
   printf("\n");
}
double f3(int n)
{ if(n==1)return 1.0;
   else return n+f3(n-1);
}
void main()
{ printf("%d %d\n", T(5),T(1));
```

```
    printf("%.1f\n", f1());
    f2(4);
    printf("%.1f\n", f3(3));
}
```

（13）程序运行时，第 1 行输出_____。

A. 1   0   B. 0   0   C. 0   1   D. 1   1

（14）程序运行时，第 2 行输出_____。

A. 1.0   B. 1   C. 3.0   D. 3

（15）程序运行时，第 3 行输出_____。

A. 0   2   1   0   B. 1   0   2   1   0

C. 1   0   2   D. 1   0   2   1

（16）程序运行时，第 4 行输出_____。

A. 6.0   B. 10.0   C. 3.0   D. 1.0

5.【程序】

程序 1

```
#include <stdio.h>
void main()
{  int i,j,n=5;
   for(i=2;i<=n;i++){
       for(j=1;j<=i;j++)
           printf("%d ",i);
       putchar('\n');
   }
}
```

程序 2

```
#include <stdio.h>
void main()
{  char str[80];
   int i;
   gets(str);
   for(i=0;str[i]!='\0';i++)
       if(str[i]<='Z' && str[i]>='A')
           str[i]='a'+'Z'-str[i];
   puts(str);
}
```

（17）程序 1 运行时，第 1 行输出_____。

A. 1   B. 2   2   C. 3   3   3   D. 4   4   4   4

（18）程序 1 运行时，第 2 行输出_____。

A. 1   B. 2   2   C. 3   3   3   D. 4   4   4   4

（19）程序 2 运行时，输入 YEAR，输出_____。

A. year   B. bvzi   C. BVZI   D. YEAR

（20）程序 2 运行时，输入 FLAG，输出_____。

A. uozt   B. UOZT   C. FLAG   D. flag

6.【程序】

```
#include <stdio.h>
void main()
```

```
{ int i,j;
  char *s[4]={"apple","fruit","berry","orange"};
  for(i=0;i<4;i++)
     for(j=1;j<=i;j++)
        printf("%s\n",s[i]+j);
}
```

（21）程序运行时，第 1 行输出_____。

A. apple   B. ruit   C. fruit   D. pple

（22）程序运行时，第 2 行输出_____。

A. rry   B. ruit   C. erry   D. uit

（23）程序运行时，第 3 行输出_____。

A. rry   B. ange   C. uit   D. ple

（24）程序运行时，第 4 行输出_____。

A. ange   B. ge   C. ry   D. range

二、程序阅读题（每小题 3 分，共 24 分）

1. 程序：

```
#include <stdio.h>
void main( )
{ int k;
  for(k = 10; k > 0; k--){
     if(k % 3 == 2)
        break;  /* 第 6 行 */
     printf("%d ", k);
  }
}
```

（1）程序的输出是_____。

（2）将第 6 行中的"break"改为"continue"后，程序的输出是_____。

（3）将第 6 行中的"break"删除（保留分号）后，程序的输出是_____。

（4）将第 6 行全部删除后，程序的输出是_____。

2. 程序：

```
#include <stdio.h>
void main( )
{ int i, j, k;
  scanf("%d", &i);
  j = k = 0;
  if((i/10) > 0)  /* 第 6 行 */
     j = i;
  if((i != 0) && (j == 0))
     k = i;
  else
     k = -1;        /* 第 11 行 */
  printf("j=%d, k=%d\n", j, k);
}
```

（5）程序运行时，输入 5，输出_____。

（6）程序运行时，输入 99，输出_____。

（7）将第 11 行改为"k=-1;j=i/10;"后，程序运行时，输入 8，输出_____。

（8）将第 6 行改为"if((i/10)>0){"，第 11 行改为"k=-1;}"后，程序运行时，输入 12，输出_____。

三、程序编写（第 1 题 8 分，第 2、3 题各 10 分，共 28 分）

1. 输入一个半径值，求圆周长和圆面积。

2. 输入 100 个整数，存入数组 a，再输入整数 x，统计并输出数组 a 中不小于 x 的元素个数。

3. 按下面要求编写程序：

（1）定义函数 f(n)，以计算 n×(n+1)×(n+2)×······×(2n−1)，函数返回值类型是 double。

（2）定义函数 main()，输入正整数 n，计算并输出下列算式的值 s，要求调用函数 f(n)计算 n×(n+1)×(n+2)×······×(2n−1)。

$$s = 1 + 1/(2×3) + 1/(3×4×5) + ······ + 1/(n×(n+1)×(n+2)×······×(2n−1)$$

模拟试卷五参考答案

一、程序阅读与填空

1	2	3	4	5	6	7	8	9	10	11	12
D	B	C	A	B	B	D	D	C	D	A	A
13	14	15	16	17	18	19	20	21	22	23	24
C	C	D	A	B	C	B	A	B	C	A	D

二、程序阅读题

（1）10　9

（2）10　9　7　6　4　3　1

（3）10　9　8　7　6　5　4　3　2　1

（4）8　5　2

（5）j=0, k=5

（6）j=99, k=−1

（7）j=0, k=8

（8）j=12, k=−1

三、程序编写

程序题 1

【参考程序】

```
#include<stdio.h>
void main()
{
    double radius,circum,area;
    scanf("%lf",&radius);
    circum=2*3.14159*radius;
    area=3.14159*radius*radius;
    printf("circum: %.2f  area: %.2f\n", circum, area);
}
```

程序题 2

【参考程序】

```c
#include<stdio.h>
void main()
{
    int a[100],i,x,count=0;
    for(i=0;i<100;i++)
        scanf("%d",&a[i]);
    scanf("%d",&x);
    for(i=0;i<100;i++)
        if(a[i]>=x) count++;
    printf("count: %d\n", count);
}
```

程序题 3

【参考程序】

```c
#include<stdio.h>
double f(int n)
{   int i;
    double cj=1;
    for(i=n;i<=2*n-1;i++)
        cj*=i;
    return cj;
}
void main()
{
    int i,n;
    double sum=0;
    scanf("%d",&n);
    for(i=1;i<=n;i++)
        sum+=1/f(i);
    printf("s=1+1/(2*3)+......1/(n*(n+1)*(n+2)...*(2n-1))=%.2f\n", sum);
}
```

模拟试卷六

一、程序阅读与填空（24 小题，每小题 3 分，共 72 分）

1. 【程序说明】输入一批整数（以零或负数为结束标记），求奇数和。

运行示例：

```
Enter integers: 9 3 6 10 31 -1
Sum=43
```

【程序】

```c
#include <stdio.h>
void main()
{ int x,odd;
  printf("Enter integers:");
  odd=0;
  scanf("%d",&x);
  while(_____(1)_____){
    if(_____(2)_____)  odd=odd+x;
    _____(3)_____;
  }
  printf("Sum=%d\n",_____(4)_____);
}
```

（1）A. x>0   B. x>=0   C. x!=0   D. x<=0

（2）A. x/2==0   B. x%2==0   C. x%2!=0   D. x!=2

（3）A. scanf("%d",&x)   B. scanf("%d",x)

  C. x!=0   D. x=odd

（4）A. sum   B. odd   C. x   D. integer

2. 【程序说明】输入一个正整数 n，找出其中最小的数字，用该数字组成一个新数，新数的位数与原数相同。

运行示例：

```
Enter integers: 2187
The new integer: 1111
```

【程序】

```c
#include <stdio.h>
void main()
{
  int count=0,i,min_dig,n,new1=0;
  min_dig=_____(5)_____;
  printf("Enter integers:");
  scanf("%d",&n);
  do{
    if(n%10<min_dig)  min_dig=n%10;
    _____(6)_____;
    count++;
  }while(n!=0);
  for(i=0;_____(7)_____;i++)
    new1=_____(8)_____;
```

```
        printf("The new integer:%d\n",new1);
}
```

（5）A. 0   B. 1   C. 9   D. −1
（6）A. n=min_dig   B. n=n%10   C. n--   D. n=n/10
（7）A. i<=count   B. i<n   C. i<new1   D. i<count
（8）A. new1+min_dig   B. new1+min_dig*10
    C. new1*10+min_dig   D. min_dig

3.【程序说明】输入一个以回车结束的字符串（少于 80 个字符），判断该字符串中是否包含 "Hello"。要求定义和调用函数 in(s,t)，利用该函数判断字符串 s 是否包含 t，若满足条件则返回 1，否则返回 0。

运行示例：

```
Enter a string: Hello world!
"HelloWorld!" includes "Hello"
```

【程序】

```
#include <stdio.h>
int in(char *s,char *t)
{
    int i,j,k;
    for(i=0;s[i]!='\0';i++){
            (9)
        if(s[i]==t[j]){
            for(k=i;t[j]!='\0';k++,j++)
                if(    (10)    ) break;
            if(t[j]=='\0')      (11)     ;
        }
    }
    return 0;
}
void main()
{
    char s[80];
    printf("Enter a string:");
    gets(s);
    if(    (12)    )
        printf("\"%s\" includes \"Hello\"\n",s);
    else
        printf("\"%s\" doesn't includes \"Hello\"\n",s);
}
```

（9）A. j=i;   B. j=0;   C. i=j;   D. ;
（10）A. s[k]!=t[j] B. s[k]==t[j]   C. s[i]==t[k]   D. s[i]!=t[j]
（11）A. break   B. return 1   C. continue   D. return 0
（12）A. in(char *s,char *t)   B. in(s,"Hello")
     C. in(*s,*t)   D. in(s,t)

4.【程序】

```
#include <stdio.h>
#define T(a,b) ((a)!=(b))?((a)>(b)?1:-1):0
int f1()
{
```

```
    int x=-10;
    return !x==10==0==1;
}
void f2(int n)
{
    int s=0;
    while(n--)
        s+=n;
    printf("%d %d\n",n,s);
}
double f3(int n)
{
    if(n==1) return 1.0;
    else  return n*f3(n-1);
}
void main()
{
  printf("%d %d %d\n",T(4,5),T(10,10),T(5,4));
  printf("%d\n",f1());
  f2(4);
  printf("%.1f\n",f3(5));
}
```

（13）程序运行时，第 1 行输出_____。

A. 0 1 −1

B. 1 −1 0

C. 1 0 −1

D. −1 0 1

（14）程序运行时，第 2 行输出_____。

A. 10

B. −10

C. 0

D. 1

（15）程序运行时，第 3 行输出_____。

A. 0 10

B. −1 10

C. −1 6

D. 0 6

（16）程序运行时，第 4 行输出_____。

A. 1.0

B. 24.0

C. 120. 0

D. 6.0

5.【程序】

程序 1

```
#include <stdio.h>
void main()
{
  int i,j,n=4;
  for(i=1;i<n;i++){
    for(j=1;j<=2*(n-i)-1;j++)
        putchar('*');
    putchar('\n');
  }
}
```

程序 2

```
#include <stdio.h>
void main()
{
  char str[80];
```

```
  int i;
  gets(str);
  for(i=0;str[i]!='\0';i++)
    if(str[i]<='9' && str[i]>='0')
      str[i]='z'-str[i]+'0';
  puts(str);
}
```

（17）程序 1 运行时，第 1 行输出_____。

A. **　　　　　　B. ****　　　　　　C. ***　　　　　　D. *****

（18）程序 1 运行时，第 2 行输出_____。

A. **　　　　　　B. ****　　　　　　C. ***　　　　　　D. *****

（19）程序 2 运行时，输入 135，输出_____。

A. bdf　　　　　　B. ywu　　　　　　C. 864　　　　　　D. 135

（20）程序 2 运行时，输入 086，输出_____。

A. zrt　　　　　　B. aig　　　　　　C. 913　　　　　　D. 086

6. 【程序】

```
#include <stdio.h>
void main()
{
  int i,j;
  char *s[4]={"continue","break","do-while","point"};
  for(i=3;i>=0;i--)
    for(j=3;j>i;j--)
      printf("%s\n",s[i]+j);
}
```

（21）程序运行时，第 1 行输出_____。

A. tinue　　　　　　B. ak　　　　　　C. nt　　　　　　D. while

（22）程序运行时，第 2 行输出_____。

A. uer　　　　　　B. ak　　　　　　C. le　　　　　　D. nt

（23）程序运行时，第 3 行输出_____。

A. ile　　　　　　B. eak　　　　　　C. int　　　　　　D. nue

（24）程序运行时，第 4 行输出_____。

A. tinue　　　　　　B. break　　　　　　C. while　　　　　　D. point

二、程序编写（各 14 分，共 28 分）

1. 输入 100 个学生的计算机成绩，统计不及格（小于 60 分）学生的人数。

2. 按下面要求编写程序：

（1）定义函数 f(n)计算 n+(n+1)+……+(2n-1)，函数返回值类型是 double。

（2）定义函数 main()，输入正整数 n，计算并输出下列算式的值。要求调用函数 f(n)计算 n+(n+1)+……+(2n-1)。

$$s = 1 + \frac{1}{2+3} + \frac{1}{3+4+5} + …… + \frac{1}{n+(n+1)+……+(2n-1)}$$

模拟试卷六参考答案

一、程序阅读与填空

1	2	3	4	5	6	7	8	9	10	11	12
A	C	A	B	C	D	D	C	B	A	B	B
13	14	15	16	17	18	19	20	21	22	23	24
D	D	C	C	D	C	B	A	D	B	B	A

二、程序编写

程序题 1

【参考程序】

```c
#include<stdio.h>
void main()
{
    int a[100],i,count=0;
    for(i=0;i<100;i++)
        scanf("%d",&a[i]);
    for(i=0;i<100;i++)
        if(a[i]<60) count++;
    printf("count: %d\n", count);
}
```

程序题 2

【参考程序】

```c
#include<stdio.h>
double f(int n)
{   int i;
    double sum=0;
    for(i=n;i<=2*n-1;i++)
        sum+=i;
    return sum;
}
void main()
{
    int i,n;
    double sum=0;
    scanf("%d",&n);
    for(i=1;i<=n;i++)
        sum+=1/f(i);
    printf("s=1+1/(2+3)+......+1/(n+(n+1)+(n+2)...+(2n-1))=%.2f\n", sum);
}
```

模拟试卷七

一、程序阅读与填空（24 小题，每小题 3 分，共 72 分）

1. 【程序说明】输入 2 个正整数 m 和 n（m≤n），输出从 m 到 n 之间所有的整数，每行输出 5 个数，再输出这些数的和。

运行示例：

```
Enter m and n:-3 4
    -3  -2  -1   0   1
2   3   4
sum=4
```

【程序】

```
#include <stdio.h>
void main()
{   int i,m,n,sum;
    printf("Enter m and n:");
    scanf("%d%d",&m,&n);
        (1)    ;
    for(i=m;    (2)    ;i++){
        printf("%6d",i);
        if((    (3)    )%5==0)
            printf("\n");
        (4)    ;
    }
printf("\nsum=%d\n",sum);
    }
```

（1）A. sum=0   B. sum=1   C. i=0   D. m=0

（2）A. i<n   B. i>=n   C. i<=n   D. i>n

（3）A. i+1   B. i   C. i-m   D. i-m+1

（4）A. sum=+i   B. sum=sum+i   C. sum=sum+m   D. sum=sum+n

2. 【程序说明】设已有一个包含 10 个元素的整型数组 a，且按值从小到大排序。输入一个整数 x，在数组中查找 x，如果找到，则输出相应的下标，否则，输出 "Not Found"。

运行示例 1：

```
Enter x :8
Index is 7
```

运行示例 2：

```
Enter x :71
Not Found
```

【程序】

```
#include <stdio.h>
int Bsearch(int p[],int n,int x);
void main()
{
    int a[10]={1,2,3,4,5,6,7,8,9,10};
    int m,x;
    printf("Enter x:");
```

```
        scanf("%d",&x);
            (5)        ;
        if(m>=0)
            printf("Index is %d\n",m);
        else
            printf("Not Found\n");
}
int Bsearch(int p[],int n,int x)
{
        int high,low,mid;
        low=0;high=n-1;
        while(low<=high){
                (6)        ;
            if(x==p[mid])
                break;
            else if(x<p[mid])
                (7)        ;
            else
                low=mid+1;
        }
        if(low<=high)
                (8)        ;
        else
            return -1;
}
```

（5）A. Bsearch(a,10,x)　　　　　　　　B. m=Bsearch(a,10,x)

　　　C. m=Bsearch(p,n,x)　　　　　　　D. Bsearch(p,n,x)

（6）A. mid=low/2　　　　　　　　　　B. mid=high/2

　　　C. mid=(low+high)/2　　　　　　　D. mid=(high -low)/2

（7）A. mid=high-low　　　　　　　　　B. high=mid−1

　　　C. high=low　　　　　　　　　　　D. low=high

（8）A. return high　　　　　　　　　　B. return low

　　　C. return 0　　　　　　　　　　　D. return mid

3. 【程序说明】输入一个以回车结束的字符串（少于 80 个字符），将其中的大写字母用下面列出的对应大写字母替换，其余字符不变，输出替换后的字符串。

原字母　　对应字母

A　　→　　Z

B　　→　　Y

C　　→　　X

D　　→　　W

……　　　……

X　　→　　C

Y　　→　　B

Z　　→　　A

运行示例：

```
Input a string: A flag of Team
After replaced: Z flag of Geam
```

【程序】

```
#include <stdio.h>
void main()
{
    int i;char ch,str[80];
    printf("Input a string:");
    i=0;
    while(    (9)    ){
        (10)    ;
    }
    str[i]= '\0 ';
    for(i=0;    (11)    ;i++)
        if(str[i]>= 'A' && str[i]<= 'Z')
            str[i]=    (12)    ;
    printf("After replace:");
    for(i=0;str[i]!= '\0';i++)
        putchar(str[i]);
    putchar('\n');
}
```

（9）A. getchar()!='\n'   B. (ch=getchar())!='\n'

    C. ch!='\n'   D. ch=getchar()!='\n'

（10）A. str[i]=ch   B. str[i]=getchar()

    C. str[i++]=ch   D. ch=str[i]

（11）A. str[i]!='\0'   B. str[i]='\0'

    C. str[i]=='\0'   D. i<=80

（12）A. 'A'-'Z'-str[i]   B. 'A'+'Z'-str[i]

    C. -'A' +'Z' -str[i]   D. str[i]- 'A'+'Z'

4. 【程序】

```
#include <stdio.h>
int f1()
{
    return 0x0b & 3;
}
char f2(int i)
{   char ch='a';
    switch(i){
        case 1:
        case 2:
        case 3: ch++;}
    return ch;
}
int f3(int x)
{   int s;
    if(x<0)   s= -1;
    else if(x=0)   s=0;
    else   s=1;
    return s;
}
void main()
{   printf("%d\n",EOF);
    printf("%x\n",f1());
    printf("%c %c\n",f2(2),f2(5));
    printf("%d %d %d\n",f3(-1),f3(0),f3(10));
}
```

（13）程序运行时，第 1 行输出_____。

A. −1   B. NULL   C. EOF   D. 1

（14）程序运行时，第 2 行输出_____。

A. 1   B. 2   C. 3   D. b

（15）程序运行时，第 3 行输出_____。

A. c a   B. a a   C. a c   D. b a

（16）程序运行时，第 4 行输出_____。

A. 1 0 −1   B. −1 −1 1   C. −1 1 1   D. −1 0 1

5.【程序】

程序 1

```
#include <stdio.h>
int f1(int  n)
{   static int r=0;
    return r++;
}
void main()
{   int i;
    for(i=0;i<=5;i++)
        printf("%d\n",f1(i));
}
```

程序 2

```
#include <stdio.h>
int f2(int  n)
{  if(n==1)  return 1;
   else   return n+f2(n-1);
}
void main()
{   int i;
    for(i=5;i>0;i--)
        printf("%d\n",f2(i));
}
```

（17）程序 1 运行时，第 2 行输出_____。

A. 1   B. 2   C. 3   D. 0

（18）程序 1 运行时，第 5 行输出_____。

A. 0   B. 4   C. 3   D. 2

（19）程序 2 运行时，第 1 行输出_____。

A. 1   B. 3   C. 10   D. 15

（20）程序 2 运行时，第 4 行输出_____。

A. 10   B. 1   C. 6   D. 3

6.【程序】

```
#include <stdio.h>
void main()
{   int i,j,n=5,a[10][10];
    for(i=0;i<n;i++)
        a[i][0]=a[i][i]=1;
    for(i=0;i<n;i++)
        for(j=1;j<i;j++)
```

```
        a[i][j]=a[i-1][j-1]+a[i-1][j];
    for(i=0;i<n;i++){
        for(j=0;j<n-1-i;j++)
            printf("%4d",0);
        for(j=0;j<=i;j++)
            printf("%4d",a[i][j]);
        printf("\n");
    }
}
```

（21）程序运行时，第 2 行输出_____。

A．0 0 0 1 1   B．0 0 0 0 1   C．0 0 0 3 4   D．0 1 1 1

（22）程序运行时，第 3 行输出_____。

A．0 0 1 2 1   B．1 2 1 0 1   C．1 0 2 0 0   D．1 0 0 1

（23）程序运行时，第 4 行输出_____。

A．0 1 2 3 1   B．0 0 0 0 2   C．2 1 2 2 3   D．0 1 3 3 1

（24）程序运行时，第 5 行输出_____。

A．1 3 3 1 0   B．0 1 4 3 1   C．1 4 6 4 1   D．3 0 0 3

二、程序编写（每题 14 分，共 28 分）

1. 输入 10 个整数，将它们存入数组 a 中，先找出数组 a 中绝对值最大的数，再将它和第一个数交换，最后输出这 10 个数。

2. 按下面要求编写程序：

（1）定义函数 fun(x) 计算 $x^2-6.5x+2$，函数返回值类型是 double。

（2）输出一张函数表（见表 3），x 的取值范围是 [−3, 3]，每次增加 0.5，$y=x^2-6.5x+2$。要求调用函数 fun(x) 计算 $x^2-6.5x+2$。

表 3 函数表 3

x	y
−3.00	30.50
−2.5	24.50
……	……
2.5	−8.00
3.00	−8.50

模拟试卷七参考答案

一、程序阅读与填空

1	2	3	4	5	6	7	8	9	10	11	12
A	C	D	B	B	C	B	D	B	C	A	B

13	14	15	16	17	18	19	20	21	22	23	24
A	C	D	C	A	B	D	D	A	A	D	C

二、程序编写

程序题 1

【参考程序】

```c
#include <stdio.h>
 #include <math.h>
void main()
{
    int a[10],i,max,t;
    for(i=0;i<10;i++)
        scanf("%d",&a[i]);
    max=0;
    for(i=1;i<10;i++)
        if(fabs(a[i])>fabs(a[max]))  max=i;
    t=a[0];
    a[0]=a[max];
    a[max]=t;
    for(i=0;i<10;i++)
        printf("%d ",a[i]);
}
```

程序题 2

【参考程序】

```c
#include <stdio.h>
double fun(double x)
{
    return x * x - 6.5 * x + 2;
}
void main()
{
    int i;
    double s, x = -3.0;
    for(i=0;i<=12;i++)
    {
        s=fun(x+i*0.5);
        printf("%.2lf  %.2lf\n",x+i*0.5,s);
    }
}
```

模拟试卷八

一、程序阅读与填空（24 小题，每小题 3 分，共 72 分）

1. 【程序说明】输入一个正整数 n，再输入 n 个整数，输出最小值。

运行示例：

```
enter:n:6
Enter 6 integer:8 -9 3 6 0 10
Min:-9
```

【程序】

```c
#include <stdio.h>
void main()
{
    int i,min,n,x;
    printf("enter:n: ");
    scanf("%d",&n);
    printf("Enter %d integer: ",n);
    scanf("%d",&x);
    _____(1)_____;
    for(_____(2)_____;i<n;i++)
    {
        _____(3)_____;
        if(_____(4)_____)
            min=x;
    }
    printf("Min:%d\n",min);
}
```

（1）A. min=-9　　　B. min=x　　　　　　C. min=n　　　　　　D. min=0

（2）A. i=0　　　　　B. i=-1　　　　　　C. i=1　　　　　　　D. i=n

（3）A. scanf("%d",&min);　　　　　　　　B. ;

　　 C. scanf("%d",& n);　　　　　　　　 D. scanf("%d",&x);

（4）A. min<x　　　　B. min>n　　　　　　C. min<n　　　　　　D. min>x

2. 【程序说明】输入一组（5 个）有序的整数，再输入一个整数 x，把 x 插入这组数据中，使该数组仍然有序。

运行示例：

```
Enter 5 integer:1 2 4 5 7
Enter x:3
After inserted:1 2 3 4 5 7
```

【程序】

```c
#include <stdio.h>
void main()
{
    int i,j,n=5,x,a[10];
    printf("Enter %d integer: ",n);
    for(i=0;i<n;i++)
        scanf("%d",&a[i]);
    printf("Enter x: ",n);
    scanf("%d",&x);
```

```
    for(i=0;i<n;i++)
    {
        if(x>a[i])_____(5)_____;
        j=n-1;
        while(j>=i)
        {
            _____(6)_____;
            _____(7)_____;
        }
        a[i]=x;
        break;
    }
    if(i==n)  a[n]=x;
    printf("After inserted: ");
    for(i=0;_____(8)_____;i++)
        printf("%d ",a[i]);
}
```

（5）A. break   B. a[i]=x   C. continue   D. x=i

（6）A. a[j]=a[j+1]   B. a[j+1]=a[j]   C. a[i]=a[j]   D. a[j]=a[i]

（7）A. j--   B. j++   C. i++   D. i--

（8）A. i<n   B. i<n+1   C. i>j   D. i<j

3．【程序说明】输入 2 个字符串，比较它们是否相等。要求定义和调用函数 cmp(s,t)，利用该函数比较字符串 s 和 t 是否相等，若相等则返回 1，否则返回 0。

运行示例：

```
Enter 2 strings:hello world
"hello" != "world"
```

【程序】

```
#include <stdio.h>
int cmp(char *s,char *t)
{
    int i;
    for(i=0;_____(9)_____;i++)
        if(_____(10)_____) break;
    if(_____(11)_____) return 1;
    else  return 0;
}
void main()
{
    char s[80],t[80];
    printf("Enter 2 strings: ");
    scanf("%s%s",s,t);
    if(_____(12)_____;)
        printf("\"%s\" = \"%s\"\n",s,t);
    else
        printf("\"%s\" != \"%s\"\n",s,t);
}
```

（9）A. s[i]=='\0'   B. s[i]='\0'

     C. s[i]!='\0'   D. !s[i]

（10）A. s[i]==t[i]   B. t[i]=='\0'

     C. s[i]!=t[i]   D. s[i]=='\0'

（11）A. s[i]!=t[i]   B. s[i]==t[i]

  C. s[i]!=' \0 '   D. t[i]!=' \0 '

（12）A. cmp(s,t)!=0   B. cmp(s,t)==0

  C. cmp(char *s,char *t)   D. cmp(*s,*t)!=0

4.【程序】

```c
#include <stdio.h>
#define TURE 1
#define FALSE 0
int f1()
{
    int x=0x02;
    return x<<2;
}
void f2(int n)
{
    int s=10;
    if(n>0)  n=-n;
    do{
        s-=n;
    }while(++n);
    printf("%d %d\n",n,s);
}
double f3(int n)
{
    if(n==1)  return 1.0;
    else  return 1.0/(1.0+f3(n-1));
}
void main()
{
    printf("%d %d\n",TURE,FALSE);
    printf("%d\n",f1());
    f2(3);
    printf("%.1f\n",f3(3));
}
```

（13）程序运行时，第 1 行输出_____。

A. 0 1   B. TURE FALSE

C. FALSE TURE   D. 1 0

（14）程序运行时，第 2 行输出_____。

A. 4   B. 16   C. 8   D. 2

（15）程序运行时，第 3 行输出_____。

A. 1 16   B. 0 16   C. 0 20   D. 1 20

（16）程序运行时，第 4 行输出_____。

A. 0.5   B. 0.7   C. 1.0   D. 0.6

5.【程序】

程序 1

```c
#include <stdio.h>
void main()
{
    int f1,f2,f5,n=12;
    for(f5=3;f5>0;f5--)
```

```
    for(f2=10;f2>0;f2--)
    {
        f1=n-5*f5-2*f2;
        if(f1>0)
            printf("%d %d %d \n",f5,f2,f1);
    }
}
```

程序 2

```
#include <stdio.h>
void main()
{
    char str[80];
    int i;
    gets(str);
    for(i=0;str[i]!= ' \0 ' ;i++)
        if(str[i]== ' 9 ' )
            str[i]= ' 0 ' ;
        else
            str[i]=str[i]+1;
    puts(str);
}
```

（17）程序 1 运行时，第 1 行输出_____。

A. 0 6 0　　　　　　B. 1 1 5　　　　　　C. 1 3 1　　　　　　D. 1 2 3

（18）程序 1 运行时，第 2 行输出_____。

A. 0 6 0　　　　　　B. 1 1 5　　　　　　C. 1 3 1　　　　　　D. 1 2 3

（19）程序 2 运行时，输入 2a9，输出_____。

A. 3b 0　　　　　　B. 2a9　　　　　　C. a02　　　　　　D. 3b9

（20）程序 2 运行时，输入 s13，输出_____。

A. s13　　　　　　B. 24t　　　　　　C. U35　　　　　　D. t24

6. 【程序】

```
#include <stdio.h>
void main()
{
    int i,j;
    char *s[4]={ "continue", "break", "do-while", "point"};
    for(i=3;i>=0;i--)
        for(j=0;j<i;j++)
            printf("%s\n",s[i]+j);
}
```

（21）程序运行时，第 1 行输出_____。

A. point　　　　　　B. do-while　　　　　　C. break　　　　　　D. continue

（22）程序运行时，第 2 行输出_____。

A. inue　　　　　　B. reak　　　　　　C. hile　　　　　　D. oint

（23）程序运行时，第 3 行输出_____。

A. int　　　　　　B. ntinue　　　　　　C. eak　　　　　　D. -while

（24）程序运行时，第 4 行输出_____。

A. do-while　　　　　　B. continue　　　　　　C. break　　　　　　D. point

二、程序编写

1. 输入 100 个学生的计算机成绩，统计优秀（大于等于 90 分）的学生人数。

2. 按下列要求编写程序：

（1）定义函数 f(n) 计算 n+(n+1)+……+(2n-1)，函数返回值类型是 double。

（2）定义函数 main()，输入正整数 n，计算并输出下列算式的值。要求调用函数 f(n) 计算 n+(n+1)+……+(2n-1)。

$$S = 1 + \frac{2+3}{2} + \frac{3+4+5}{3} + \cdots + \frac{n+(n+1)+(n+2)+\cdots+(2n-1)}{n}$$

模拟试卷八参考答案

一、程序阅读与填空

1	2	3	4	5	6	7	8	9	10	11	12
B	C	D	D	C	B	A	B	C	C	B	A
13	14	15	16	17	18	19	20	21	22	23	24
D	C	B	B	C	D	A	D	A	D	A	A

二、程序编写

程序题 1

【参考程序】

```
#include <stdio.h>
void main()
{
    int i,s,c;
    c=0;
    for(i=0;i<100;i++)
    {
        scanf("%d",&s);
        if(s>=90)  c++;
    }
    printf("优秀学生人数:%d\n",c);
}
```

程序题 2

【参考程序】

```
#include <stdio.h>
double f(int n)
{
    double s=0;
    int i;
    for(i=0;i<n;i++)
        s=s+n+i;
    return s;
}
void main()
{
```

```
    int n,i;
    double s=0;
    scanf("%d",&n);
    for(i=1;i<=n;i++)
        s+=f(i)/i;
    printf("sum=%f\n",s);
}
```

模拟试卷九

一、程序阅读与填空（24 小题，每小题 3 分，共 72 分）

1.【程序说明】输入一个正整数 n，计算下列算式的前 n 项之和。

$$S=1-1/3+1/5-1/7+\cdots\cdots$$

运行示例：

```
Enter n: 2
Sum=0.67
```

【程序】

```c
#include <stdio.h>
void main( )
{   int denominator,flag,i,n;
    double item,sum;
    printf("Enter n:");
    scanf("%d",&n);
    denominator=1;
       (1)   ;
    sum=0;
    for(i=1;   (2)   ; i++){
         (3)   ;
        sum=sum+item;
         (4)   ;
        denominator=denominator+2;
    }
    printf("Sum=%.2f\n",sum);
}
```

（1）A. flag=0   B. flag=-1   C. flag=n   D. flag=1

（2）A. i>=n   B. i<n   C. i>n   D. i<=n

（3）A. item=flag/denominator   B. item=1 /denominator

       C. item=flag*1.0/denominator   D. item=1.0/denominator

（4）A. flag=-1   B. flag=0   C. flag=-flag   D. flag=flag

2.【程序说明】验证哥德巴赫猜想：任何一个大于 6 的偶数均可表示为两个素数之和。例如 6=3+3，8=3+5，……，18=7+11。将 6~20 之间的偶数表示成两个素数之和，打印时一行打印 5 组。要求定义和调用函数 prime(m) 判断 m 是否为素数，当 m 为素数时返回 1，否则返回 0。素数就是只能被 1 和自身整除的正整数，如 1 不是素数，2 是素数。

运行示例：

```
6=3+3, 8=3+5, 10=3+7, 12=5+7, 14=3+11
16=3+13 18=5+13 20=3+17 18=7+11
```

【程序】

```c
#include <stdio.h>
#include <math.h>
int prime(int m)
{   int i, n;
    if(m==1)  return 0;
    n=sqrt(m);
```

```
        for(i=2; i<=n; i++)
            if(m%i==0)  return 0;
            ____(5)____
    }
void main()
{   int count, i,number;
    count=0;
    for(number=6;number<=20;number=number+2){
        for(i=3;i<=number/2;i=i+2)
            if(____(6)____){
                printf("%d=%d+%d",number,i,number-i);
                count++;
                if(____(7)____)  printf("\n");
              (____(8)____)
            }
        }
}
```

（5）A. ;　　　　　　B. return 1;　　　　C. return 0;　　　D. else return 1;

（6）A. prime(i)!=0 || prime(number–i)!=0

　　B. prime(i)!=0 && prime(number–i)!=0

　　C. prime(i)==0 || prime(number–i)==0

　　D. prime(i)==0 && prime(number–i)==0

（7）A. count % 5==0　　　　　　　　　B. count % 5!=0

　　C. (count+1)%5==0　　　　　　　　D. (count+1)%5!=0

（8）A. break;　　　B. else break;　　　C. continue;　　　D. ;

3. 【程序说明】输入一行字符，统计并输出其中数字字符、英文字母和其他字符的个数。要求定义并调用函数 count(s, digit, letter, other)分类统计字符串 s 中数字字符、英文字母和其他字符的个数，函数形参 s 的类型是字符指针，形参 digit、letter、other 的类型是整型指针，函数类型是 void。

运行示例：

```
Enter characters:f(x,y)=5x+2y-6
digit=3 letter=5 other=6
```

【程序】

```
#include <stdio.h>
void count (char *s, int *digit, int *letter, int *other)
{   ____(9)____
    while(____(10)____){
        if (*s>='0' &&*s<='9')
            (*digit)++;
        else if((*s>='a' &&*s<='z')||(*s>='A' &&*s<='z'))
            (*letter)++;
        else
            (*other)++;
        s++;
    }
}
void main()
{   int i=0,digit,letter,other;
    char ch,str[80];
    printf("Enter characters: ");
```

```
        ch=getchar();
        while(     (11)     ){
            str[i]=ch;
            i++;
            ch=getchar();
        }
        str(i)= ' \0 ';
        ____(12)____;
        printf("digit=&d letter=%d other=%d\n", digit,letter,other);
}
```

（9）A. int dight=0,letter=0,other=0;

　　　B. int *dight=0,*letter=0,*other=0;

　　　C. dight=letter=other=0;

　　　D. *dight=*letter=*other=0;

（10）A. *s++!='\0 '　　　　　　　　B. *s++!='\n '

　　　C. *s!='\0 '　　　　　　　　　D. *s !='\n '

（11）A. ch!='\0 '　　　　　　　　　B. ch!='\n '

　　　C. ch=='\0 '　　　　　　　　　D. ch=='\n '

（12）A. count(str,&digit,&letter,&other)　　　B. count(&str,&digit,&letter,&other)

　　　C. count(*str,digit,letter,other)　　　　D. count(*str,*digit,*letter,*other)

4.【程序】

```
#include <stdio.h>
void main()
{   int flag=0,i;
    int a[7]={8,9,7,9,8,9,7};
    for(i=0;i<7;i++)
        if(a[i]==7){
            flag=i;
            break;
        }
    printf("%d\n",flag);
    flag=-1;
    for(i=6;i>=0;i--)
        if(a[i]==8){
            break;
            flag=i;
        }
    printf("%d\n",flag);
    flag=0;
    for(i=0;i<7;i++)
        if(a[i]==9){
            printf("%d",i);
        }
    printf("\n");
    flag=0;
    for(i=0;i<7;i++)
        if(a[i]==7)  flag=i;
    printf("%d\n", flag);
}
```

（13）程序运行时，第 1 行输出_____。

A. 2　　　　　　　　B. 0　　　　　　　　C. 3　　　　　　　　D. 6

（14）程序运行时，第 2 行输出_____。

A. 4   B. -1   C. 0   D. 5

（15）程序运行时，第 3 行输出_____。

A. 2 4 6   B. 4   C. 1 3 5   D. 6

（16）程序运行时，第 4 行输出_____。

A. 2 4 6   B. 2   C. 1 3 5   D. 6

5.【程序】

```
int f1(int n)
{   if(n==1)  return 1 ;
    else  return f1(n-1) + n;
}
int f2(int n)
{   switch(n){
        case 1:
        case 2: return 1;
        default: return f2(n-1) + f2(n-2);
    }
}
void f3(int n)
{   printf("%d",n%10);
    if(n/10 !=0)  f3(n/10);
}
void f4(int n)
{   if (n/10 !=0)  f4(n/10);
    printf("%d", n%10);
}
#include<stdio.h>
void main()
{   printf("%d\n",f1(4));
    printf("%d\n",f2(4));
    f3(123);
    printf("\n");
    f4(123);
    printf("\n");
}
```

（17）程序运行时，第 1 行输出_____。

A. 10   B. 24   C. 6   D. 1

（18）程序运行时，第 2 行输出_____。

A. 1   B. 3   C. 2   D. 4

（19）程序运行时，第 3 行输出_____。

A. 123   B. 3   C. 321   D. 1

（20）程序运行时，第 4 行输出_____。

A. 1   B. 123   C. 3   D. 321

6.【程序】

```
#include <stdio.h>
struct num{ int a,b;};
void f(struct num s[], int n)
{   int index, j, k;
    struct num temp;
    for(k=0;k< n-1;k++){
```

```
            index=k;
            for(j=k+1;j<n;j++)
                if(s[j].b<s[index].b)  index=j;
            temp=s[index];
            s[index]=s[k];
            s[k]=temp;
        }
}
void main()
{   int count,i,k,m,n,no;
    struct num s[100],*p;
    scanf("%d%d%d",&n,&m,&k);
    for(i=0;i<n; i++){
        s[i].a=i+1;
        s[i].b=0;
    }
    p=s;
    count=no=0;
    while(no<n){
        if(p->b==0)  count++;
        if(count==m){
            no++;
            p->b=no;
            count=0;
        }
        p++;
        if(p==s+n)
            p=s;
    }
    f(s,n);
    printf("%d: %d\n",s[k-1].b,s[k-1].a);
}
```

（21）程序运行时，输入 5 4 3，输出_____。

A. 3: 5   B. 2: 3   C. 1: 2   D. 4: 1

（22）程序运行时，输入 5 3 4，输出_____。

A. 3: 5   B. 1: 2   C. 4: 3   D. 4: 2

（23）程序运行时，输入 7 5 2，输出_____。

A. 1: 5   B. 6: 1   C. 2: 3   D. 2: 4

（24）程序运行时，输入 4 2 4#，输出_____。

A. 3: 3   B. 4: 2   C. 2: 4   D. 4: 1

二、程序编写（28 分）

（1）定义函数 fact(n)计算 n 的阶乘：n!=1*2*……*n。函数形参 n 的类型是 int，函数类型是 double。

（2）定义函数 cal(x, e)计算下列算式的值，直到最后一项的值小于 e，函数形参 x 和 e 的类型都是 double，函数类型是 double。要求调用自定义函数 fact(n)计算 n 的阶乘，调用库函数 pow(x, n)计算 x 的 n 次幂。

$$S=x+x^2/2!+x^3/3!+x^4/4!+\cdots\cdots$$

（3）定义函数 main()，输入两个浮点数 x 和 e，计算并输出下列算式的值，直到最后一项的值小于精度 e。要求调用自定义函数 cal（x，e）计算下列算式的值。

$$S=x+x^2/2!+x^3/3!+x^4/4!+\cdots\cdots$$

模拟试卷九参考答案

一、程序阅读与填空

1	2	3	4	5	6	7	8	9	10	11	12
D	D	C	C	B	B	A	A	D	C	B	A

13	14	15	16	17	18	19	20	21	22	23	24
A	B	C	D	A	B	C	B	A	D	C	D

二、程序编写

【参考程序】

```c
#include <stdio.h>
#include <math.h>
double fact(int n)
{
    double p=1;
    int i;
    for(i=1;i<=n;i++)
        p=p*i;
    return p;
}
double cal(double x,double e)
{
    double s=0,t;
    int i=1;
    do{
        t=pow(x,i)/fact(i);
        s=s+t;
        i++;
    }while(t>=e);
    return s;
}
void main()
{
    double x,e,s;
    scanf("%lf%lf",&x,&e);
    s=cal(x,e);
    printf("s=%f\n",s);
}
```

模拟试卷十

一、程序阅读与填空（24 小题，每小题 3 分，共 72 分）

1. 【程序说明】输入 5 个整数，将它们从小到大排序后输出。

运行示例：

```
Enter an integer: 9 -9  3  6  0
After sorted: -9  0  3  6  9
```

【程序】

```c
#include <stdio.h>
void main()
{   int i, j, n, t, a[10];
    printf("Enter 5 integers: ");
    for(i = 0; i < 5 ; i++)
        scanf("%d",    (1)    );
    for(i = 1;    (2)    ; i++)
        for(j = 0;    (3)    ; j++)
            if(    (4)    ) {
                t = a[j], a[j] = a[j+1], a[j+1] = t;
            }
    printf("After sorted: ");
    for(i = 0; i < 5 ; i++)
        printf("=", a[i]);
}
```

（1）A. &a[i]　　　　 B. a[i]　　　　　　 C. *a[i]　　　　　　 D. a[n]

（2）A. i<5　　　　　 B. i<4　　　　　　 C. i>=0　　　　　　 D. i>4

（3）A. j<5–i–1　　　 B. j<5–i　　　　　 C. j<5　　　　　　　 D. j<=5

（4）A. a[j]<a[j+1]　　　　　　　　　　 B. a[j]>a[j–1]

　　C. a[j]>a[j+1]　　　　　　　　　　 D. a[j–1]>a[j+1]

2. 【程序说明】输出 80 到 120 之间的满足给定条件的所有整数，条件为构成该整数的每位数字都相同。要求定义和调用函数 is(n)判断整数 n 的每位数字是否都相同，若相同则返回 1，否则返回 0。

运行示例：

```
88  99  111
```

【程序】

```c
#include <stdio.h>
void  main()
{   int  i;   int  is(int n);
    for(i = 80; i <= 120; i++)
        if(    (5)    )
            printf("%d ", i);
    printf("\n");
}
int  is(int n)
{   int  old, digit;
    old = n % 10;
    do{
```

```
        digit = n % 10;
        if(    (6)    ) return 0;
            (7)
        n = n / 10;
    }while( n != 0 );
        (8)
}
```

（5）A. is(n)==0   B. is(i)==0   C. is(n) !=0   D. is(i) !=0

（6）A. digit !=n % 10   B. digit==old

　　 C. old==n % 10   D. digit !=old

（7）A. digit=old;   B. ;   C. old=digit;   D. old=digit / 10;

（8）A. return;   B. return 1;   C. return 0;   D. return digit !=old;

3.【程序说明】输入一个以回车结束的字符串（少于 80 个字符），将其逆序输出。要求定义和调用函数 reverse(a)，利用该函数将字符串 s 逆序存放。

运行示例：

```
Enter a string: 1+2=3
After reversed: 3=2+1
```

【程序】

```
#include <stdio.h>
void reverse(char *str)
{   int i, j, n = 0;
    char t;
    while(str[n] !='\0')
        n++;
    for(i = 0,    (9)    ; i < j;    (10)    ) {
        t = str[i], str[i] = str[j], str[j] = t;
    }
}
void main()
{   int i = 0 ;
    char s[80];
    printf("Enter a string: ");
    while(    (11)    )
        i++;
    s[i] ='\0';
        (12)    ;
    printf("After reversed: ");
    puts(s);
}
```

（9）A. j=n – 1   B. j=n   C. j=n-2   D. j=n + 1

（10）A. i++, j--   B. i++, j++   C. i--, j++   D. i--, j--

（11）A. s[i]=getchar()   B. (s[i]=getchar()) !='\n'

　　　C. s[i] !='\0'   D. (s[i]=getchar() !='\n')

（12）A. reverse(*s)   B. reverse(s)

　　　C. reverse(&s)   D. reverse(str)

4.【程序】

```
#include <stdio.h>
#define S(x)  3 < (x) < 5
```

```
int n, a;
void f1(int n)
{   for(; n >= 0; n--) {
        if(n % 2 != 0)  continue;
        printf("%d ", n);
    }
    printf("\n");
}
double f2(double x, int n)
{   if(n == 1)  return x;
    else  return  x * f2(x, n-1);
}
void main( )
{   int  a = 9;
    printf("%d %d\n", a, S(a));
    f1(4);
    printf("%.1f\n", f2(2.0, 3));
    printf("%d %d\n", n, S(n));
}
```

（13）程序运行时，第 1 行输出_____。

A. 0 1   B. 9 1   C. 0 0   D. 9 0

（14）程序运行时，第 2 行输出_____。

A. 3 1   B. 4 2 0   C. 4 3 2 1   D. 0

（15）程序运行时，第 3 行输出_____。

A. 8.0   B. 2.0   C. 4.0   D. 3.0

（16）程序运行时，第 4 行输出_____。

A. 0 1   B. 3 1   C. 0 0   D. 3 0

5. 【程序】

程序 1

```
#include <stdio.h>
void main()
{   int i, j;
    static a[4][4];
    for(i = 0; i < 4; i++)
        for(j = 0; j <= i; j++) {
            if(j == 0 || j == i)  a[i][j] = 1;
            else  a[i][j] = a[i-1][j-1] + a[i-1][j];
        }
    for(i = 2; i < 4; i++) {
        for(j = 0; j <= i; j++)
            printf("%d ", a[i][j]);
        printf("\n");
    }
}
```

程序 2

```
#include <stdio.h>
void main()
{   char str[80];
    int i;
    gets(str);
    for(i = 0; str[i] != '\0'; i++)
        if(str[i] == 'z')  str[i] = 'a';
```

```
        else  str[i] = str[i] + 1;
    puts(str);
}
```

（17）程序 1 运行时，第 1 行输出_____。

A. 1   B. 1 1   C. 1 2 1   D. 1 3 3 1

（18）程序 1 运行时，第 2 行输出_____。

A. 1   B. 1 1   C. 1 2 1   D. 1 3 3 1

（19）程序 2 运行时，输入 123，输出_____。

A. 123   B. 012   C. 231   D. 234

（20）程序 2 运行时，输入 sz，输出_____。

A. sz   B. ty   C. ta   D. tz

6. 【程序】

```
#include <stdio.h>
void  main()
{   int i,j;
    char ch, *p1, *p2, *s[4]={ "tree","flower","grass","garden"};
    for(i = 0; i < 4; i++) {
        p2 = s[i];
        p1 = p2 + i;
        while(*p1 != '\0'){
            *p2 = *p1;
            p1++, p2++;
        }
        *p2 = '\0' ;
    }
    for(i = 0; i < 4; i++)
        printf("%s\n",s[i]);
}
```

（21）程序运行时，第 1 行输出_____。

A. ree   B. ss   C. tree   D. e

（22）程序运行时，第 2 行输出_____。

A. flower   B. ower   C. wer   D. lower

（23）程序运行时，第 3 行输出_____。

A. grass   B. ss   C. rass   D. ass

（24）程序运行时，第 4 行输出_____。

A. en   B. arden   C. den   D. garden

二、程序编写(每题 14 分，共 28 分)

1. 输入 100 个整数，将它们存入数组 a 中，再输入一个整数 x，统计并输出 x 在数组 a 中出现的次数。

2. 按下面要求编写程序：

（1）定义函数 fact(n)计算 n!，函数返回值类型是 double。

（2）定义函数 main()，输入正整数 n，计算并输出下列算式的值。要求调用函数 fact(n) 计算 n!。

$$S=n+(n-1)/2!+(n-2)/3!+\cdots\cdots+1/n!$$

模拟试卷十参考答案

一、程序阅读与填空

1	2	3	4	5	6	7	8	9	10	11	12
A	A	B	C	D	D	C	B	A	A	B	B
13	14	15	16	17	18	19	20	21	22	23	24
B	B	A	A	C	D	D	C	C	D	D	C

二、程序编写

程序题 1

【参考程序】

```c
#include <stdio.h>
void main()
{   int a[100], x, i, count=0 ;
    printf("Input 100 integers:\n");
    for(i=0; i<100; i++)
        scanf("%d", &a[i]);
    printf("Input integer x:\n");
    scanf("%d", &x);
    for(i=0; i<100; i++)
        if(a[i]==x)   count++;
    printf ("count=%d\n", count);
}
```

程序题 2

【参考程序】

```c
double  fact(int  n)
{   int  i ;
    double s=1 ;
    for(i=1; i<=n; i++)
        s*=i ;
    return  s;
}
#include <stdio.h>
void main()
{   double  s=0;
    int n, i ;
    scanf("%d", &n);
    for(i=1; i<=n; i++)
        s+=(n-i+1)/fact(i);
    printf("s=%f\n", s);
}
```

模拟试卷十一

一、判断题（每小题 1 分，共 10 分）

1. 若有声明"char s[]="hello",*p=s；"则指针 p 所指的内容与数组中的内容相同（   ）。
（A）正确
（B）错误

2. 形参是局部变量，其作用范围仅限于函数内部（   ）。
（A）正确
（B）错误

3. C 语言的三种循环结构可以相互嵌套（   ）。
（A）正确
（B）错误

4. continue 语句的作用是使程序的执行流程跳出包含它的所有循环（   ）。
（A）正确
（B）错误

5. C 语言的每一个函数都可以用 return 语句返回一个值（   ）。
（A）正确
（B）错误

6. 判断 a、b、c 三个数是否相等可以用表达式 a==b==c 表示（   ）。
（A）正确
（B）错误

7. 每个 C 语言程序中只能包含一个函数（   ）。
（A）正确
（B）错误

8. else 总是与其上面最近的且尚未配对的 if 配对（   ）。
（A）正确
（B）错误

9. 设"char *p；"可以直接使用语句"scanf("%s",p)；"输入一个字符串（   ）。
（A）正确
（B）错误

10. C 语言的所有函数变量定义必须放在函数内部（   ）。
（A）正确
（B）错误

二、单项选择题（每题 2 分，共 20 分）

1. 根据如下定义，能在屏幕上输出字母 W 的语句是（   ）。

```
struct student{
    char name[10];
    int age;
}stus[6]={"Li",20,"Wu",23,"Sun",25};
```

A. printf("%c",stus[1].name);　　　　　B. printf("%c",stus[1].name[0]);

C. printf("%c",stus[2].name[0]);　　　　D. printf("%c",stus[3].name[0]);

2. 下列函数定义，正确的是（　　　）。

A. double f(int x; int y){return x+y;}　　B. int f(int x, y){return x+y;}

C. f(x, y){return x+y;}　　　　　　　　D. double f(int x, int y){return x+y;}

3. 设"char str[]="hello",*p=str;"下列输入语句有错误的是（　　　）。

A. scanf("%s",p);　　　　　　　　　　B. scanf("%s",str);

C. scanf("%s",p+2);　　　　　　　　　D. scanf("%s",*p);

4. 在 switch 语句中，switch 后括号内的表达式不可以是（　　　）。

A. double　　　　　B. char　　　　　C. short　　　　　D. int

5. 以下哪项的说法是正确的（　　　）。

A. 结构体中的各成员数据类型必须相同

B. 结构体类型定义和结构变量定义完全等价

C. 结构变量可以在定义时指定初始值

D. 访问结构变量中的成员时可以使用运算符"$"

6. 设 1 个 float 类型变量在内存中占 4 字节，则定义"float x[5]={1,2,3};"，数组 x 所占字节数是（　　　）。

A. 不确定　　　　　B. 20　　　　　C. 16　　　　　D. 12

7. 若声明"int n,t=1;"，为使"do{t=t-2;} while(t!=n);"程序段不陷入死循环，则 n 值可为（　　　）。

A. 负奇数　　　　　B. 正奇数　　　　　C. 正偶数　　　　　D. 负偶数

8. 若有声明"int i=0, s=0;"，则执行"while(i++<6) s+=i;"程序段后 s 的值为（　　　）。

A. 15　　　　　B. 16　　　　　C. 21　　　　　D. 22

9. 以读写方式打开文本文件 file.txt，以下操作正确的是（　　　）。

A. fp=fopen("file","r")　　　　　　　　B. fp=fopen("file","r+")

C. fp=fopen("file","rb")　　　　　　　　D. fp=fopen("file","w")

10. 定义 FILE *fp；则文件指针 fp 指向（　　　）。

A. 文件在磁盘上的读写位置　　　　　　B. 文件在缓冲区上的读写位置

C. 整个磁盘文件　　　　　　　　　　　D. 文件类型结构变量

三、程序填空题（每空 3 分，共 18 分）

请在【　】处填入合适的代码，使得程序可以实现题目中要求的功能。

第 1 小题：输入一个正整数 n，输出比 n 大的最小水仙花数（该 3 位数各位上数字的立方和等于自身，如 370 是水仙花数，因为 370=3×3×3+7×7×7+0×0×0）。

【输入样例】

361

【输出样例】

370

```
#include"stdio.h"
int main( )
```

```
{
    int i,a,b,c;
    int n;
    scanf("%d",&n);
    for(【      1      】){
        a=i/100;
        【      2      】;
        c=i%10;
        if(a*a*a+b*b*b+c*c*c==i){
            printf("%d",i);
            【       3       】;
        }
    }
    return 0;
}
```

第 2 小题：输入 N 个正整数，要求输出从小到大排序后的结果。

【输入样例】

4 981 10 −17 0 −20 29 50 8 43

【输出样例】

−20 −17 0 4 8 10 29 43 50 981

```
#include<stdio.h>
#define N 10
int main( )
{
    int b[N];
    int i,j,t,f=1;
    for(i=0;i<N;i++)  scanf("%d",&b[i]);
    i=【       1       】;
    while(f)
    {
        f=0;
        for(j=0;j<i;j++)
        {
            if(【       2       】)
            {
                t=b[j];
                b[j]=b[j+1];
                b[j+1]=t;
                【        3        】;
            }
        }
      i--;
    }
    for(i=0;i<N;i++)
    {
      printf("%d",b[i]);
    }
    return 0;
}
```

四、函数设计题（每题 8 分，共 16 分）

第 1 小题：本程序的功能是：输入一个正整数 n，输出该数的位数。

【输入格式】

一个正整数，为 n 的值。

【输出格式】

一个正整数，为 n 的位数。

【输入样例】

1234

【输出样例】

4

请定义一个函数

```
Int  fsum ( int n )
```

在函数中求出正整数 n 的位数，并作为函数的返回值。

```
#include <stdio.h>
int  fnum( int n );
int  main(void)
{
  int n;
  scanf("%d",&n);
  int dg;
  dg= fnum(n);
  printf("%d",dg);
  return 0;
}
/*考生在以下空白处定义函数*/




/*考生在以上空白处定义函数*/
```

第 2 小题：本程序的功能是：输入一个字符串，统计字符串中十六进制字符个数并输出，十六进制字符包括 0~9，A~F，a~f。

【输入格式】

在一行中输入不超过 80 个字符长度的、以回车结束的非空字符串。

【输出格式】

在一行中输出字符串中十六进制字符的个数。

【输入样例】

Hello123!@#

【输出样例】

4

请定义一个函数

```
int  fhex ( char str[ ] )
```

在函数中统计字符串 str 中十六进制字符个数，并作为函数的返回值。

```
#include <stdio.h>
int  fhex ( char str[ ] ) ;
int  main(void)
{
  char  str[80] ;
  gets (str) ;
  printf("%d", fhex ( str ) );
  return 0;
}
/*考生在以下空白处定义函数*/
```

/*考生在以上空白处定义函数*/

五、程序设计题（每题 12 分，总共 36 分）

第 1 小题：

本程序的功能是：输入一元二次方程 $ax^2+bx+c=0$ 的系数 a、b、c（均为整数），输出该方程实数根的个数。

【输入格式】

3 个整数，依次表示 a、b、c 的值。

【输出格式】

一个整数，表示实数根的个数。

【输入样例】

1　–4　3

【输出样例】

2

/*考生在以下空白处编写程序*/

/*考生在以上空白处编写程序*/

第 2 小题：

本程序的功能是：先输入 n 个整数，然后再输入一个整数 p，统计输出 n 个整数中相邻两数之和为 p 的组数。

【输入格式】

第一行包含 1 个整数，为 n 的值；第二行包含 n 个整数；第三行包含 1 个整数，为 p 的值。

【输出格式】

一个整数，表示相邻元素和为 p 的组合个数。

【输入样例】

6

6 3 2 4 5 4

9

【输出样例】

3

/*考生在以下空白处编写程序*/

/*考生在以上空白处编写程序*/

第 3 小题：

本程序的功能是：给定 m 行 n 列的整型数据构成的矩阵（m≤20，n≤10），计算该矩阵中各列元素之和，并输出其中的最大值。

【输入格式】

第一行包含 2 个整数，为 m 和 n 的值；接下来有 m 行，每行包含 n 个整数。

【输出格式】

一个整数，表示该矩阵中各列元素之和的最大值。

【输入样例】

3 4

1 2 3 4

5 6 7 8

9 10 11 12

【输出样例】

24

/*考生在以下空白处编写程序*/

/*考生在以上空白处编写程序*/

模拟试卷十一参考答案

一、判断题（每小题 1 分，共 10 分）

1	2	3	4	5	6	7	8	9	10
A	A	A	B	B	B	B	A	B	B

二、单项选择题（每题 2 分，共 20 分）

1	2	3	4	5	6	7	8	9	10
B	D	D	A	C	B	A	C	B	D

三、程序填空题（每空 3 分，共 18 分）

第 1 小题：输入一个正整数 n，输出比 n 大的最小水仙花数（该 3 位数各位上数字的立方和等于自身，如 370 是水仙花数，因为 370=3×3×3+7×7×7+0×0×0）。

（1）【 i=n+1; i<=999 ; i++ 】 （2）【 b=i/10%10 】 （3）【 break 】
　　　　i=n+1;　　　; i++　　　　　　　　或 b=i%100/10　　　　　　　或 return 0

第 2 小题：输入 N 个正整数，要求输出从小到大后排序的结果。

（1）【 N−1 】 （2）【 b[j]>b[j+1] 】 （3）【 f=1 】
　　　　或 9　　　　　　　　　　　　　　　　　　　　　　　　　或 f - - 或 f++

四、函数设计题（每题 8 分，共 16 分）

第 1 小题：程序的功能是：输入一个正整数 n，输出该数的位数。

```
/*考生在以下空白处定义函数*/
int  fnum( int n )
{
      int k=0;
      while(n!=0)
      {
            n/=10;
            k++;
      }
      return k;
}
/*考生在以上空白处定义函数*/
```

第 2 小题：程序的功能是：输入一个字符串，统计字符串中十六进制字符个数并输出，十六进制字符包括 0~9，A~F，a~f。

```
/*考生在以下空白处定义函数*/
int  fhex ( char str[ ] )
{
    int i,k=0;
    for(i=0;str[i]!='\0';i++)
        if(str[i]>='0'&&str[i]<='9')
            k++;
        else if(str[i]>='a'&&str[i]<='f')
            k++;
        else if(str[i]>='A'&&str[i]<='F')
            k++;
    return k;
}
/*考生在以上空白处定义函数*/
```

五、程序设计题（每题 12 分，总共 36 分）

第 1 小题：程序的功能是：输入一元二次方程 $ax^2+bx+c=0$ 的系数 a、b、c（均为整数），输出该方程实数根的个数。

```
#include <stdio.h>
void  main( )
{ int a,b,c,k;
  scanf("%d%d%d",&a,&b,&c);
  if(b*b-4*a*c>0)
      k=2;
  else if(b*b-4*a*c==0)
      k=1;
  else
      k=0;
  printf("%d", k);
}
```

第 2 小题：程序的功能是：先输入 n 个整数，然后再输入一个整数 p，统计输出 n 个整数中相邻两数之和为 p 的组数。

```
#include <stdio.h>
void  main( )
{
    int i, n, a[100],p,k=0;
    scanf("%d",&n);
    for(i=0;i<n;i++)
```

```
        scanf("%d",&a[i]);
    scanf("%d",&p);
    for(i=0;i<n-1;i++)
        if(a[i]+a[i+1]==p)
            k++;
    printf("%d", k);
}
```

第 3 小题：程序的功能是：给定 m 行 n 列的整型数据构成的矩阵（m≤20，n≤10），计算该矩阵中各列元素之和，并输出其中的最大值。

```
#include <stdio.h>
void main( )
{
    int i,j,m,n,a[20][10],s[10]={0},max=0;
    scanf("%d%d",&m,&n);
    for(i=0;i<m;i++)
        for(j=0;j<n;j++)
            scanf("%d",&a[i][j]);
    for(j=0;j<n;j++)
        for(i=0;i<m;i++)
            s[j]=s[j]+a[i][j];
    max=s[0];
    for(j=1;j<n;j++)
        if(s[j]>max)
                max=s[j];
    printf("%d", max);
}
```

模拟试卷十二

一、判断题（每小题 1 分，共 10 分）

1. 每个 switch 语句，都必须包含 default 分支（　　　）。

（A）正确

（B）错误

2. 全局变量与局部变量的作用范围相同，不允许它们同名（　　　）。

（A）正确

（B）错误

3. 若声明 int x，则表达式!x 等价于 x!=0（　　　）。

（A）正确

（B）错误

4. C 语言的三种循环结构可以互相嵌套（　　　）。

（A）正确

（B）错误

5. 定义一个结构体变量时，系统为它分配的内存空间是结构体中某个成员所需的内存容量（　　　）。

（A）正确

（B）错误

6. 单层循环中的 break 语句只会执行一次（　　　）。

（A）正确

（B）错误

7. 若有声明 "int a=2, *p=a；"，则表达式*p 和表达式 a 的值不相等（　　　）。

（A）正确

（B）错误

8. C 语言程序中有且仅有一个 main 函数（　　　）。

（A）正确

（B）错误

9. 一个函数中有且只能有一个 return 语句（　　　）。

（A）正确

（B）错误

10. 若有定义 int a[ ][3]={{0},{1},{2}}；则数组元素 a[1][2]的值无法确定（　　　）。

（A）正确

（B）错误

二、单项选择题（每题 2 分，共 20 分）

1. 若有声明 "char st[ ]={"123456"}, *p=st；"，则语句 "printf("%c", *(++p+3))；" 输出为（　　　）。

A. 4　　　　　　　　B. 5　　　　　　　　C. 45　　　　　　　　D. 56

2. 若有声明 "int x=1, y=2, z=3;" 执行语句 "if(x<y) z=x; x=y; y=z;" 后 x, y, z 的值分别是（   ）。

A. 1, 2, 3   B. 2, 3, 3   C. 2, 1, 1   D. 2, 3, 1

3. 执行语句 "fp=fopen("file", "w");" 后，以下对文本文件 file 的操作叙述，正确的是（   ）。

A. 可以在原有内容后追加写   B. 写操作结束后可以从头开始读

C. 可以随意读和写   D. 只能写不能读

4. 执行代码 "int x=68, y; y=x/10;" 后 y 的值是（   ）。

A. 6   B. 7   C. 6.8   D. 7.0

5. 若有声明 int i=5, s=0; 执行以下程序段后 s 的值是（   ）。

```
while(i-->0){
    if (i%2==1) continue;
    s+=i;
}
```

A. 15   B. 9   C. 6   D. 4

6. 定义指针 int *p; 指针 p 应指向什么类型的变量（   ）。

A. int   B. float   C. double   D. 任意类型

7. 定义结构类型时，以下哪项是正确的（   ）。

A. struct point{double x; double y;}   B. point{double x; double y;}

C. struct point{double x; double y;};   D. point {double x; double y;};

8. 若用数组名作为函数调用时的实参，则实际上传递给形参的是（   ）。

A. 数组首元素的地址   B. 数组的第一个元素值

C. 数组中全部元素的值   D. 数组元素的个数

9. 若有声明 int i=2; 则执行以下程序段后变量 i 的值是（   ）。

```
do{i+=5;}while(i<15);
```

A. 17   B. 12   C. 7   D. 2

10. 对于以下递归函数 f, f(4) 的值是（   ）。

```
int f(int n){
    if(n!=1)return f(n-1)+n; else return n;
}
```

A. 10   B. 9   C. 8   D. 7

三、程序填空题（每空 3 分，共 18 分）

请在【 】处填入合适的代码，使得程序可以实现题目中要求的功能。

第 1 小题：输入若干个整数，以 0 为结束，计算这些数的平均值，保留两位小数。

【输入样例】

1 2 3 4 5 0

【输出样例】

3.00

```
#include <stdio.h>
int main(void)
{
```

```
    double ave=0;
    int v, k=0;
    scanf("%d", &v);
    while(【        1        】)
    {
        【        2        】;
            ave+=v;
            scanf("%d", &v);
    }
    ave=【        3        】;
    printf("%.2f", ave );
    return 0;
}
```

第 2 小题：输入 10 个整数，将这 10 个数从大到小排序后输出。

【输入样例】

23 67 17 56 63 97 43 38 72 78

【输出样例】

97 78 72 67 63 56 43 38 23 17

```
#include <stdio.h>
int main()
{
    int a[10], i, j, m, t;
    for(i=0; i<10; i++)
        scanf("%d", &a[i]);
    for(i=0; i<9; i++)
    {
        m=【        1        】;
        for(j=i+1; j<10; j++)
            if(【        2        】)
                    m=j;
        if(【        3        】)
        {
                t=a[i];
                a[i]=a[m];
                a[m]=t;
        }
    }
    for(i=0; i<10; i++)
        printf("%d ", a[i]);
    return 0;
}
```

四、函数设计题（每题 8 分，共 16 分）

第 1 小题：本程序的功能是：输入一个正整数 n（n<16），输出 1 到 n 的阶乘和，即表达式 1！+2！+3！……+n！的值。

【输入格式】

一个正整数 n 的值。

【输出格式】

一个正整数，为所求的阶乘和。

【输入样例】

5

【输出样例】

153

请定义一个函数

```
double fsum ( int n )
```

函数的返回值为 1 到 n 的阶乘和。

```
#include <stdio.h>
double  fsum( int n );
int  main(void)
{
  int n;
  scanf("%d",&n);
  double s;
  s= fsum(n);
  printf("%.0f",s);
  return 0;
}
/*考生在以下空白处定义函数*/




/*考生在以上空白处定义函数*/
```

第 2 小题：本程序的功能是：输入一个字符串，用指定字符替换字符串中的非数字字符并输出。

【输入格式】

在第一行中输入不超过 80 个字符长度的、以回车结束的非空字符串。

在第二行中输入一个指定字符。

【输出格式】

在一行中输出替换完成后的字符串。

【输入样例】

Abc123!@#

*

【输出样例】

123

请定义一个函数

```
void  frep ( char str[ ], char s )
```

将字符串 str 中的非数字字符替换为字符 s。

```
#include <stdio.h>
void frep ( char str[ ], char s );
int main(void)
{
  char str[80], s ;
  gets (str) ;
  s=getchar();
  frep ( str,s );
  puts ( str );
  return 0;
}
/*考生在以下空白处定义函数*/
```

/*考生在以上空白处定义函数*/

五、程序设计题（每题 12 分，总共 36 分）

第 1 小题：

胖瘦判定方法：体重（千克）除以[身高（米）的平方]，如果值超过 25，表示胖；如果低于 19，表示瘦；如果在[19, 25]范围内，为标准。编程：输入两个正实数，分别表示体重和身高数据；输出一个字符串，fat 表示胖，thin 表示瘦，good 表示标准。

【输入格式】

2 个正实数，分别表示体重和身高。

【输出格式】

一个字符串，fat 表示胖，thin 表示瘦，good 表示标准。

【输入样例】

100.1   1.74

【输出样例】

fat

【输入样例】

65   1.70

【输出样例】

good

/*考生在以下空白处编写程序*/

/＊考生在以上空白处编写程序＊/

第 2 小题：

本程序的功能是：输入 n 个数据，这些数据已按从小到大顺序排列（1<n≤100），统计其中出现的不同数据的个数。例如，5 个整数 1 3 3 4 4 中有 3 个不同数据 1 3 4，因而不同数据的个数为 3。

【输入格式】

第一行包含 1 个整数，为 n 的值；第二行包含从小到大顺序排列的 n 个整数。

【输出格式】

一个整数，移除重复元素后不同数据的个数。

【输入样例】

5

1 3 3 4 4

【输出样例】

3

/＊考生在以下空白处编写程序＊/

/＊考生在以上空白处编写程序＊/

第 3 小题：

本程序的功能是：输入一个整数序列，以及基准，要求统计并输出该序列中基准以上的完美数个数。完美数是指一个数的所有真约数之和等于它自身，比如 6 和 28。6 的真约数有 1、2、3，且它们之和等于 6；28 的真约数有 1、2、4、7、14，且它们的和等于 28。

【输入格式】

第一行先给出序列长度 n（n≤20），第二行包含 n 个整数，第三行包含 1 个整数，为基准。

【输出格式】

一个整数，表示输入的整数序列中基准以上的完美数个数。

【输入样例】

3

6 17 28

27

【输出样例】

1

/*考生在以下空白处编写程序*/

/*考生在以上空白处编写程序*/

模拟试卷十二参考答案

一、判断题（每小题 1 分，共 10 分）

1	2	3	4	5	6	7	8	9	10
B	B	B	A	B	A	A	A	B	B

二、单项选择题 1（每题 2 分，共 20 分）

1	2	3	4	5	6	7	8	9	10
B	C	D	A	C	A	C	A	A	A

三、填空题（每空 3 分，共 18 分）

第 1 小题：读入若干个整数，以 0 为结束，计算这些数的平均值，保留两位小数。

（1）【 v!=0 】 （2）【 k++或 k=k+1 】 （3）【 ave/k 】

第 2 小题：输入 10 个整数，将这 10 个数从大到小排序后输出。

（1）【 i 】 （2）【 a[m]<a[j] 】 （3）【 m!=i 】

四、函数设计题（每题 8 分，共 16 分）

第 1 小题：程序的功能是：输入一个正整数 n，输出 1 到 n 的阶乘和，即表达式 1!+2!+3!+……+n!的值。其中 main()函数已编写完成，请定义一个函数。

```
double fsum(int n)
```

函数的返回值为 1 到 n 的阶乘和。

```
/*考生在以下空白处定义函数*/
double fsum( int n)
{   int i, j, jc=1,s=0;
    for(i=1;i<=n;i++)
    {   jc=1;
        for( j=1; j<=i; j++)
            jc=jc*j;
        s+=jc;
    }
    return s;
}
/*考生在以上空白处定义函数*/
```

第 2 小题：程序的功能是：输入一个字符串，用指定字符替换字符串中的非数字字符并输出。请定义一个函数。

```
void  frep ( char str[ ], char s )
```

将字符串 str 中的非数字字符替换为字符 s。

```
/*考生在以下空白处定义函数*/
void  frep ( char str[ ], char s )
{   int i;
    for ( i=0; str[i]!='\0'; i++)
    {   if( !( str[i]>='0'&&str[i]<='9'))
            str[i]=s;
    }
}
/*考生在以上空白处定义函数*/
```

五、程序设计题（每题 12 分，总共 36 分）

第 1 小题：

```
#include<stdio.h>
void main()
{   double w,h,s;
    scanf("%lf %lf",&w,&h);
    s=w/h/h;
    if(s>25) printf("fat\n");
    else if(s<19) printf("thin\n");
    else printf("good\n");
}
```

第 2 小题：

```c
#include<stdio.h>
void main()
{   int a[100],n,i,k;
    scanf("%d",&n);
    for(i=0;i<n;i++)
        scanf("%d",&a[i]);
    k=n;
    for(i=0;i<n-1;i++)
        if(a[i]==a[i+1])
            k--;
    printf("%d\n",k);
}
```

第 3 小题：

```c
#include<stdio.h>
void main()
{   int a[20],n,base,i,j,s,k=0;
    scanf("%d",&n);
    for(i=0;i<n;i++)
        scanf("%d",&a[i]);
    scanf("%d",&base);
    for(i=0;i<n;i++)
        if(a[i]>base)
        {   s=0;
            for(j=1;j<a[i];j++)
                if(a[i]%j==0)
                    s+=j;
            if (a[i]==s)  k++;
        }
    printf("%d\n",k);
}
```

模拟试题十三

一、判断题（每小题 1 分，共 10 分）

1. for 循环只能用于循环次数已经明确的情况。（　　）
（A）正确
（B）错误

2. switch 语句中多个 case 标号可以共用一组语句。（　　）
（A）正确
（B）错误

3. do-while 循环语句的循环体应至少执行一次。（　　）
（A）正确
（B）错误

4. 函数在调用时，实参和形参的变量名不能相同。（　　）
（A）正确
（B）错误

5. 每个 C 语言程序中只能包含一个函数。（　　）
（A）正确
（B）错误

6. 若有定义 int x[5],*p=x+1；则*（p++）的值等于 x[2]。（　　）
（A）正确
（B）错误

7. 已知函数 fun 的类型为 void，void 的含义是：执行函数 fun 后可以返回任意类型的值。
（　　）
（A）正确
（B）错误

8. 若有定义 int a[][3]={{0},{1},{2}}；则数组元素 a[1][2]的值无法确定。（　　）
（A）正确
（B）错误

9. _1234_ 是一个合法的 C 语言标识符。（　　）
（A）正确
（B）错误

10. 若声明 int x，则表达式！x 等价于 x！=0。（　　）
（A）正确
（B）错误

二、单项选择题（每题 2 分，共 20 分）

1. 若有声明 int *p[5],a[5]；则以下哪项是正确的赋值（　　）。
A. p=a　　　　　　　B. *p=a[0]　　　　　　C. p=&a[0]　　　　　　D. p[0]=a

2. 在函数中定义一个变量，有关该变量作用域说法正确的是（　　）。

A. 只在该函数中有效   B. 在该程序文件中总是有效

C. 只在 main()函数中有效   D. 在该函数以及 main()函数中都是有效的

3. 若有声明 int a[10],*p=a；则以下哪项可以正确表示数组 a 中的某个元素（   ）。

A. &p[1]   B. p(2)   C. *p   D. *(p+10)

4. 设有如下定义：

```
struct sk{
int x; float y;
} n,*p=&n;
```

以下引用正确的是（   ）。

A. (*p).x   B. p->n.x   C. (*p)->x   D. p.n.x

5. 为了写文本文件 a.txt，以下打开文件的语句正确的是（   ）。

A. fp=fopen("a.txt","r")   B. fp=fopen("a.txt","rb")

C. fp=fopen("a.txt","wb")   D. fp=fopen("a.txt","w")

6. 若有声明 int i=5,s=0；则执行下列程序段后 s 的值为（   ）。

```
while(i-->0){
  if(i%2==1) continue;
  s+=i;
}
```

A. 15   B. 9   C. 6   D. 4

7. 下列语句中，能实现将整型变量 x 的绝对值赋值给 y 的是（   ）。

A. if(x<0) y=-x;   B. y=x; if(y<0) y=-y;

C. if(y<0) y=-x; else y=x;   D. if(y>0) y=x; else y=-x;

8. 若有声明 int a[11]；则对 a 数组元素引用不正确的是（   ）。

A. a[11]   B. a[-3+5]

C. a[11-11]   D. a[5]

9. 若有声明 int i；则执行下列程序段后输出为（   ）。

```
for(i=0;i<5;i++)
{   if(i%3==0) continue;
    printf("%d", i);
}
```

A. 1 2 4   B. 0 3   C. 1 2   D. 0 1 2 3 4

10. 对于以下递归函数 f, f(4)的值是（   ）。

```
int f(int n){
  if(n!=1) return f(n-1) + n ;else return n;
}
```

A. 10   B. 9   C. 8   D. 7

三、程序填空题（每空 3 分，共 18 分）

请在【 】处填入合适的代码，使得程序可以实现题目中要求的功能。

第 1 小题：输入 m、n（要求输入的数均大于 0），输出它们的最大公约数。

【输入样例】

48 32

【输出样例】

16

```
#include <stdio.h>
int main()
{
    int m,n,k;
    scanf(【      1      】);
    k=m;
    while (m%k!=0【      2      】n%k!=0)
    {
        【      3      】;
    }
    printf("%d\n",k);
    return 0;
}
```

第 2 小题：输入 8 个整数，将这 8 个数从小到大排序后输出。

【输入样例】

23 67 17 56 63 97 43 38

【输出样例】

17 23 38 43 56 63 67 97

```
#include <stdio.h>
#define N 8
int main(void)
{
    int a[N], i, j, t;
    for(i=0; i<N; i++)
        scanf("%d", &a[i]);
    for(i=0;【      1      】; i++)
        for(j=0;j < N-1-i ;j++)
            if(【      2      】)
            {
                t = a[j];
                【      3      】;
                a[j+1] = t;
            }
    for(i=0; i<N ; i++)
        printf("%d ", a[i]);
    return 0;
}
```

四、函数设计题（每题 8 分，共 16 分）

请自行启动开发环境，对题中指定的文件进行操作。

第 1 小题：本程序的功能是：输入正整数 n（n>100），在[n,999]范围内寻找最小水仙花数。水仙花数是指一个三位数，恰好等于其各位上数字的立方和。

【输入格式】

一个三位正整数 n。

【输出格式】

指出范围内最小水仙花数，如果没有则输出 0。

【输入样例】

100

【输出样例】

153

请定义一个函数

```
int fnar ( int n )
```

函数的返回值为最小水仙花数。

```
#include <stdio.h>
int  fnar( int n );
int  main(void)
{
  int n,s;
  scanf("%d",&n);
  s=fnar(n);
  printf("%d", s);
  return 0;
}
/*考生在以下空白处定义函数*/




/*考生在以上空白处定义函数*/
```

第 2 小题：本程序的功能是： 输入一个字符串，统计字符串中数字字符及英文字母总个数并输出。数字字符包括 0~9 十个字符，英文字母包括大写和小写英文字母。

【输入格式】

在第一行中输入不超过 80 个字符长度的、以回车结束的非空字符串。

【输出格式】

在一行中输出字符串中数字字符及英文字母的总个数。

【输入样例】

Abc123!@#

【输出样例】

6

请定义一个函数

```
int  fcount ( char str[ ] )
```

在函数中统计字符串 str 中数字字符及英文字母的总个数，并作为函数的返回值。

```
#include <stdio.h>
int  fcount ( char str[ ] );
```

```
int  main(void)
{
  char  str[80];
  gets (str) ;
  printf("%d", fcount(str));
  return 0;
}
```
/*考生在以下空白处定义函数*/

/*考生在以上空白处定义函数*/

五、程序设计题（每题 12 分，总共 36 分）

第 1 小题：

本程序的功能是：为鼓励居民节约用水，自来水公司采取按用水量阶梯式计价的办法，居民应交水费 y（元）与月用水量 x（吨）相关。当 x 不超过 15 吨时，y=4x/3；超过 15 吨后，y=2.5x−17.5。请编写程序实现水费的计算。

【输入格式】

一个非负整数，表示用水量。

【输出格式】

一个实数，保留两位小数，表示水费。

【输入样例】

12

【输出样例】

16.00

【输入样例】

18

【输出样例】

27.50

/*考生在以下空白处编写程序*/

/＊考生在以上空白处编写程序＊/

第 2 小题：

本程序的功能是：给定包含 n 个元素的正整数序列，计算序列全部元素之和 sum，统计并输出能整除 sum 的元素的个数。

【输入格式】

第一行包含 1 个正整数，为 n 的值；第二行包含 n 个正整数。

【输出格式】

一个整数，能整除序列之和的元素个数。

【输入样例】

4

6 3 4 5

【输出样例】

2

/＊考生在以下空白处编写程序＊/

/＊考生在以上空白处编写程序＊/

第 3 小题：

本程序的功能是：输入一个整数序列，以及基准，要求计算并输出该序列中基准以上的数的阶乘之和。一个正整数的阶乘是所有小于及等于该数的正整数的积，并且 0 的阶乘为 1。

【输入格式】

第一行先给出序列长度 n（n≤20），随后是 n 个正整数（≤9）；第二行包含 1 个整数，为基准。

【输出格式】

一个整数，表示该序列中基准以上的数的阶乘之和。

【输入样例】

3 1 2 3

2

【输出样例】

8

/*考生在以下空白处编写程序*/

/*考生在以上空白处编写程序*/

模拟试卷十三参考答案

一、判断题（每小题 1 分，共 10 分）

1	2	3	4	5	6	7	8	9	10
B	A	A	B	B	B	B	B	A	B

二、单项选择题 1（每题 2 分，共 20 分）

1	2	3	4	5	6	7	8	9	10
D	A	C	A	D	C	B	A	A	A

三、填空题（每空 3 分，共 18 分）

第 1 小题：输入 m、n（要求输入的数均大于 0），输出它们的最大公约数。

（1）【   "%d %d", &m, &n 】   （2）【   ‖   】   （3）【   k--   】

第 2 小题：输入 8 个整数，将这 8 个数从小到大排序后输出。

（1）【   i<N-1   】 （2）【   a[j]>a[j+1]   】 （3）【   a[j]=a[j+1]   】

四、函数设计题（每题 8 分，共 16 分）

第 1 小题：程序的功能是输入正整数 n（n>100），在[n,999]范围内寻找最小水仙花数。

水仙花数是指一个三位数，恰好等于其各位上数字的立方和。

请定义一个函数

```
int fnar ( int n )
```

函数的返回值为最小水仙花数。

```
/*考生在以下空白处定义函数*/
  int fnar ( int n )
  {
    int i, a,b,c;
    for(i=n; i<=999; i++)
    { a=i/100;
      b=i/10%10;
      c=i%10;
      if(a*a*a+b*b*b+c*c*c==i)
          return i;
    }
    return 0;
  }
/*考生在以上空白处定义函数*/
```

第 2 小题：程序的功能是输入一个字符串，统计字符串中数字字符及英文字母总个数并输出。数字字符包括0~9十个字符，英文字母包括大写和小写英文字母。

```
/*考生在以下空白处定义函数*/
int fhex ( char str[ ] )
{  int i, k=0;
   for( i=0; str[i]!='\0'; i++)
        if ( str[i]>='0'&&str[i]<='9' )  k++;
        else if ( str[i]>='a'&&str[i]<='z' )  k++;
        else if ( str[i]>='A'&&str[i]<='Z' )  k++;
    return  k;
}
/*考生在以上空白处定义函数*/
```

五、程序设计题（每题 12 分，总共 36 分）

第 1 小题：

```
#include<stdio.h>
void main()
{  double x, y;
   scanf("%lf", &x);
   if( x>=0&&x<=15 )
       y=4.0*x/3;
   else
       y=2.5*x-17.5;
   printf("%.2lf",y);
}
```

第 2 小题：

```
#include<stdio.h>
void main()
{   int n, i, sum=0, k=0;
    int a[100];
    scanf("%d", &n);
    for( i=0; i<n; i++)
```

```
    {
        scanf("%d", &a[i]);
        sum+=a[i];
    }
    for( i=0;i<n;i++)
        if( sum%a[i]==0 )
        k+=1;
    printf("%d", k);
}
```

第 3 小题：

```
#include<stdio.h>
void main()
{
    int  n,i,m,j;
    int  sum=0, jc;
    int  a[20];
    scanf( "%d",&n);
    for ( i=0; i<n; i++)
        scanf("%d" ,&a[i]);
    scanf("%d" ,&m) ;
    for(i=0;i<n;i++)
    {
        if(a[i]>=m)
        {  jc=1;
            for(j=1;j<=a[i];j++)
                jc*=j;
            sum += jc;
        }
    }
    printf("%d" , sum);
}
```

模拟试卷十四

一、判断题（每小题 1 分，共 10 分）

1. C 语言的三种循环结构可以互相嵌套。（　　　）

（A）正确

（B）错误

2. continue 语句的作用是使程序的执行流程跳出包含它的所有循环。（　　　）

（A）正确

（B）错误

3. 当 do-while 循环语句的条件满足的时候，循环就会结束。（　　　）

（A）正确

（B）错误

4. 定义结构体类型时的关键字 struct 不能省略。（　　　）

（A）正确

（B）错误

5. 定义一个结构体变量时，系统为它分配的内存空间是结构体中某个成员所需的内存容量。
（　　　）

（A）正确

（B）错误

6. 数组名本身就是一个地址，也就是指向数组首元素的指针。（　　　）

（A）正确

（B）错误

7. switch 语句中多个 case 标号可以共用一组语句。（　　　）

（A）正确

（B）错误

8. 若有定义：char x[]="abcdefg"; char y[]={'a', 'b', 'c', 'd', 'e', 'f', 'g'}；则数组 x 的长度跟数组 y 的长度相同。（　　　）

（A）正确

（B）错误

9. 单层循环中的 break 语句只会执行一次。（　　　）

（A）正确

（B）错误

10. 要对文件进行操作必须先使用 fopen 函数打开该文件。（　　　）

（A）正确

（B）错误

二、单项选择题（每题 2 分，共 20 分）

1. 若有声明 int k=0；下列程序段中 while 循环体执行的次数是 while(k=1) k++;（　　　）。

A. 0 　　　　　　　　B. 1 　　　　　　　　C. 2 　　　　　　　　D. 无限次

2. 若有声明 int x=1,y=2,z=3；执行以下语句：if(x<y) z=x; x=y; y=z; 后 x, y,z 的值（　　　）。

A. 1,2,3　　　　　　B. 2,3,3　　　　　　C. 2,1,1　　　　　　D. 2,3,1

3. 定义数组 int a[3][2]；以下能正确表示数组 a 中某个元素的是（　　　）。

A. a[3][0]　　　　　B. a[3][2]　　　　　C. a[0][2]　　　　　D. a[1][0]

4. 设有如下定义：

```
struct sk{
int x; float y;
}n, *p=&n;
```

以下引用正确的是（　　　）。

A.　(*p).x　　　　　B.　p->n.x　　　　　C.　(*p)->x　　　　　D.　p.n.x

5. 设定义结构变量

```
struct { int a,b; }x[3] = {{1,2},{3,4},{5,6}};
```

表达式 x[0].a+ x[2].b/x[1].a 的值是（　　　）。

A.　2　　　　　　　B.　3　　　　　　　C.　4　　　　　　　D.　5

6. 定义指针 int *p；指针 p 应指向什么类型的变量？（　　　）

A. int　　　　　　　B. float　　　　　　C. double　　　　　　D. 任意类型

7. 若有声明 char s[]="Hello World", *p=s；则语句 printf("%c",*p)；输出为（　　　）。

A. H　　　　　　　　B. e　　　　　　　　C. W　　　　　　　　D. o

8. 设 1 个 float 类型变量在内存中占 4 字节，则定义 float x[5]={1,2,3}；数组 x 所占字节数是（　　　）。

A.　不确定　　　　　B. 20　　　　　　　C. 16　　　　　　　D. 12

9. 设 int *p, *q；以下哪项运算是合法的？（　　　）

A. p/q　　　　　　　B. p*q　　　　　　　C. p+q　　　　　　　D. p-q

10. 根据如下定义，能在屏幕上输出字母 W 的语句是（　　　）。

```
struct student{
    char name[10];
    int age;
}stus[6]={"Li",20, "Wu",23,"Sun",25};
```

A. printf("%c",stus[1].name);　　　　　　B. printf("%c",stus[1].name[0]);

C. printf("%c",stus[2].name[0]);　　　　　D. printf("%c",stus[3].name[0]);

三、程序填空题（每空 3 分，共 18 分）

请在划线处填入合适的代码，使得程序可以实现题目中要求的功能。

第 1 小题：读入若干个整数，以 0 为结束，计算这些数的平均值，保留两位小数。

【输入样例】

1 2 3 4 5 0

【输出样例】

3.00

```
#include <stdio.h>
int main(void)
{
```

```
        double ave=0;
        int v, k=0;
        scanf("%d", &v);
        while(【              】)
        {
             【                    】;
                ave+=v;
                scanf("%d", &v);
         }
        ave=【                】;
        printf("%.2f", ave );
        return 0;
}
```

第 2 小题：输入 N 个正整数，要求输出从小到大排序后的结果。

【输入样例】

4 981 10 −17 0 −20 29 50 8 43

【输出样例】

−20 −17 0 4 8 10 29 43 50 981

```
#include<stdio.h>
#define N 10
int main( )
{
    int b[N];
    int i,j,t,f=1;
    for(i=0;i<N;i++)  scanf("%d",&b[i]);
    i=【          】;
    while(f)
    {
        f=0;
        for(j=0;j<i;j++)
        {
            if(【              】)
            {
                t=b[j];
                b[j]=b[j+1];
                b[j+1]=t;
                【                】;
            }
                        }
                        i--;
    }
    for(i=0;i<N;i++)
    {
        printf("%d",b[i]);
    }
    return 0;
}
```

四、函数设计题（每题 8 分，共 16 分）

第 1 小题：本程序的功能是：输入一个正整数 n，输出该数的位数。

【输入格式】

一个正整数，为 n 的值。

【输出格式】

一个正整数，为 n 的位数。

【输入样例】

1234

【输出样例】

4

请定义一个函数

```
int  fnum ( int n )
```

函数的返回值为正整数 n 的位数。

```
#include <stdio.h>
int  fnum( int n );
int  main(void)
{
    int n;
    scanf("%d",&n);
    int dg;
    dg=fnum(n);
    printf("%d",dg);
    return 0;
}
/*考生在以下空白处定义函数*/
```

/*考生在以上空白处定义函数*/

第 2 小题：本程序的功能是：输入一个正整数 n (n<16)，输出 1 到 n 的阶乘和，即表达式 1!+2!+3!+…+n!的值。

【输入格式】

一个正整数 n 的值。

【输出格式】

一个正整数,为所求的阶乘和。

【输入样例】

5

【输出样例】

153

请定义一个函数

double fsum (int n)，函数的返回值为 1 到 n 的阶乘和。

```
#include <stdio.h>
double fsum(int n);
int main(void){
    int n;
    scanf("%d",&n);
    double s;
    s=fsum(n);
    printf("%.0f",s);
    return 0;
}/*考生在以下空白处定义函数*/
```

/*考生在以上空白处定义函数*/

五、程序设计题（每题 12 分，总共 36 分）

第 1 小题：

本程序的功能是：有三个零件 A、B、C，大小形状相同，其中有一个不合格，它的特征是与其他两个的重量不同。现在给你一个天平，要求找出这个瑕疵品。请你编程实现：输入 3 个正整数，依次对应零件 A、B、C 的重量，输出那个瑕疵品零件。

【输入格式】

一行包含 3 个正整数，表示 A、B、C 的重量。

【输出格式】

一个字符，表示对应的瑕疵零件。

【输入样例】

2 2 3

【输出样例】

C

/*考生在以下空白处编写程序*/

/*考生在以上空白处编写程序*/

第 2 小题：

本程序的功能是：输入同一年中的两个日期 day1 和 day2，输出其中较小的一个日期。

【输入格式】

第一行 2 个整数，分别表示第 1 个日期的月与日。

第二行 2 个整数，分别表示第 2 个日期的月与日。

【输出格式】

输出两个整数，表示较小一个日期的月与日。

【输入样例】

9 28

6 11

【输出样例】

6 11

/*考生在以下空白处编写程序*/

/*考生在以上空白处编写程序*/

第 3 小题：

本程序的功能是：先输入 n 个整数，然后再输入一个整数 p。统计输出 n 个整数中相邻两数之和为 p 的组数。

【输入格式】

第一行包含 1 个正整数，为 n 的值；第二行包含 n 个整数；

第三行包含一个整数，为 p 的值。

【输出格式】

一个整数，n 个整数中相邻两数之和为 p 的组数。

【输入样例】

5

3 6 3 4 5

9

【输出样例】

3

/*考生在以下空白处编写程序*/

/*考生在以上空白处编写程序*/

模拟试卷十四参考答案

一、判断题（每小题 1 分，共 10 分）

1	2	3	4	5	6	7	8	9	10
A	B	B	A	B	A	A	B	A	A

二、单项选择题（每题 2 分，共 20 分）

1	2	3	4	5	6	7	8	9	10
D	C	D	A	B	A	A	B	D	B

三、程序填空题（每空 3 分，共 18 分）

第 1 小题：

（1）【 v!=0 】 （2）【 k++ 】 （3）【 ave/k 】

第 2 小题：

（1）【 N−1 】 （2）【 b[j]>b[j+1] 】 （3）【 f=1 或 f++ 】

四、函数设计题（每题 8 分，共 16 分）

第 1 小题：

```
/*考生在以下空白处定义函数*/

int fnum(int n)
{
    int length=0;
```

第 2 小题：

```
/*考生在以下空白处定义函数*/

double fsum(int n)
{ double jc=1, jcsum=0;
    int i;
```

```
    while(n!=0)
    {
      n/=10;
      length++;

    }
    return length;
}
```

```
    for(i=1;i<=n;i++)
    {  jc *= i;
       jcsum += jc;
    }
    return jcsum;
}
```

/*考生在以上空白处定义函数*/   /*考生在以上空白处定义函数*/

五、程序设计题（每题 12 分，总共 36 分）

第 1 小题：

```c
#include <stdio.h>
int main(void)
{
  int a,b,c; char ch;
  scanf("%d%d%d",&a,&b,&c);
  if(a == b)
    ch = 'C';
  else if(a == c)
    ch = 'B';
  else
    ch = 'A';
  printf("%c",ch);
  return 0;
}
```

第 2 小题：

```c
#include <stdio.h>
int main(void)
{
  int m1,m2,d1,d2,flag=0;
  scanf("%d%d",&m1,&d1);
  scanf("%d%d",&m2,&d2);
  if(m1>m2)
    flag=1;
  else if (m1<m2)
    flag=0;
  else
    if(d1>d2)
       flag=1;
    else
       flag=0;
  if(flag==0)
    printf("较小的日期为%d 月%d 日",m1,d1);
  else if(flag==1)
    printf("较小的日期为%d 月%d 日",m2,d2);
  return 0;
}
```

第 3 小题：

```c
#include <stdio.h>
int main(void)
{
  int a[100],n,p,i,c=0;
```

```
    scanf("%d",&n);
    for(i=0;i<=n-1;i++)
        scanf("%d",&a[i]);
    scanf("%d",&p);
    for(i=0;i<=n-1;i++)
        if(a[i]+a[i+1] == p)
            c++;
    printf("%d",c);
    return 0;
}
```

模拟试题十五

一、判断题（每小题 1 分，共 10 分）

1. for 循环语句的循环体可能一次也不执行。（　　）

（A）正确

（B）错误

2. 执行语句 int x=2.6 后，变量 x 的值为 3。（　　）

（A）正确

（B）错误

3. C 语言的所有变量定义必须放在函数内部。（　　）

（A）正确

（B）错误

4. 如需调用数学库函数，可使用编译预处理命令 #include math.h。（　　）

（A）正确

（B）错误

5. C 语言中的变量名可以使用大写字母。（　　）

（A）正确

（B）错误

6. C 语言中，8<10<0 是不符合 C 语言的语法规则的表达式，无法计算其值。（　　）

（A）正确

（B）错误

7. 'In' 是 C 语言中的合法常量。（　　）

（A）正确

（B）错误

8. break 则是结束整个循环过程，不再判断执行循环的条件是否成立。（　　）

（A）正确

（B）错误

9. C 语句 char *pArr[]={"helo","world"}; 定义了一个包含两个元素的指针数组 pArr。（　　）

（A）正确

（B）错误

10. 按照数据存储的编码方式，文件可以分为二进制文件与文本文件。（　　）

（A）正确

（B）错误

二、单项选择题（每题 2 分，共 20 分）

1. 若有声明 int x=3, y=2, z=1; 执行以下语句后 x,y,z 的值分别是（　　）。

```
if(x>y) x=y;
if(x>z) x=z;
```

A. 1,2,1   B. 1,1,1   C. 3,2,1   D. 1,2,3

2. 若 i, j 已声明为 int 类型，则以下程序段中语句 k++的执行次数是（　　）。

```
for (i=5; i>0; i--)
    for (j=0; j<4; j++) { k++; }
```

A. 4　　　　　　　　B. 5　　　　　　　　C. 9　　　　　　　　D. 20

3. 以下有关 main 函数说法，正确的是（　　）。

A. 一个 C 程序可以有多个 main 函数

B. C 程序可以没有 main 函数

C. 一个 C 程序有且只有一个 main 函数

D. 一个 C 程序就是一个 main 函数

4. 有如下定义，下面说法正确的是（　　）。

```
*fp=fopen("a.txt","w");
```

A. 若文件不存在，则打开失败

B. 如文件已有内容，写文件会添加到文件末尾

C. 可以对文件进行读写操作

D. 不管文件是否存在，会打开一个空的文本文件

5. 若用数组名作为函数调用时的实参，则实际上传递给形参的是（　　）。

A. 数组首元素的地址

B. 数组的第一个元素值

C. 数组中全部元素的值

D. 数组元素的个数

6. 对于以下递归函数 f, f(4)的值是（　　）。

```
int f(int n){
  if (n!= 1) return f(n-1) + n; else return n;
}
```

A. 10　　　　　　　　B. 9　　　　　　　　C. 8　　　　　　　　D. 7

7. 关于函数中的 return 语句，下列说法正确的是（　　）。

A. 函数可以包含多条 return 语句

B. 函数一定要包含 return 语句

C. 每个函数只能包含 return 语句

D. 所有 return 语句，return 后必须加返回的值

8. 若有声明 int a[11]; 则对 a 数组元素引用不正确的是（　　）。

A. a[11]　　　　　　B. a[-3+5]　　　　　　C. a[11-11]　　　　　　D. a[5]

9. 在 C 语言中，下面关于文件操作正确的叙述是（　　）。

A. 对文件操作时需要先关闭文件

B. 对文件操作时需要先打开文件

C. 对文件操作时，必须先检查文件是否存在，然后再打开文件

D. 对文件操作时打开和关闭文件的顺序没有要求

10. 有如下定义，则表达式++p->y 的值为（　　）。

```
struct { int x,y,z; }a={4,3,2},*p=&a;
```

A. 5   B. 4   C. 3   D. 2

三、程序填空题（每空 3 分，共 18 分）

请在划线处填入合适的代码，使得程序可以实现题目中要求的功能。

第 1 小题：输入一个正整数 n，输出比 n 大的最小水仙花数（该 3 位数各位上数字的立方和等于自身，如 370 是水仙花数，因为 370=3*3*3+7*7*7+0*0*0）

【输入样例】

361

【输出样例】

370

```c
#include<stdio.h>
int main( )
{
    int i,a,b,c;
    int n;
    scanf("%d",&n);
    for(【            】){
        a=i/100;
        【            】;
        c=i%10;
        if(a*a*a+b*b*b+c*c*c==i){
            printf("%d",i);
            【            】;
        }
    }
    return 0;
}
```

第 2 小题：输入 10 个整数。将这 10 个数从大到小排序后输出。

【输入样例】

23 67 17 56 63 97 43 38 72 78

【输出样例】

97 78 72 67 63 56 43 38 23 17

```c
#include <stdio.h>
#define N 8
int main(void)
{
    int a[10], i, j, m, t;
    for(i = 0; i < 10; i++)
        scanf("%d", &a[i]);
    for(i = 0; i < 9; i++)
    {
        m = 【_____】;
        for(j = i + 1; j < 10; j++)
            if(【_____】)
                m = j;
        if(【_____】)
        {
            t = a[i];
            a[i] = a[m];
            a[m] = t;
```

```
            }
        }
    for(i = 0; i < 10; i++)
        printf("%d ", a[i]);
    return 0;
}
```

四、函数设计题（每题 8 分，共 16 分）

第 1 小题：本程序的功能是：输入 n 个整数，求出它们的平均值并输出。

【输入格式】

第 1 行包含一个正整数 n(n< 100)；第 2 行包含 n 个整数，其间以空格分隔。

【输出格式】

n 个整数的平均值，结果保留两位小数。

【输入样例】

5

2 3 6 7 9

【输出样例】

5.40

请定义一个函数

```
double fave (int n)
```

在函数中输入 n 个整数，函数的返回值为 n 个整数的平均值。

```
#include <stdio.h>
double fave(int n);
int main(void)
{
    int n;
    scanf("%d",&n);
    double a;
    a=fave(n);
    printf("%.2f",a);
    return 0;
}
/*考生在以下空白处定义函数*/




/*考生在以上空白处定义函数*/
```

第 2 小题：本程序的功能是：输入一个字符串,统计字符串中指定字符出现次数并输出。

【输入格式】

在第一行中输入不超过 80 个字符长度的、以回车结束的非空字符串；在第二行中输入 1

个指定字符。

【输出格式】

在一行中输出字符串中指定字符的出现次数。

【输入样例】

Hello World!

1

【输出样例】

3

请定义一个函数

```
int fcount(char str[], char s)
```

函数的返回值为字符串 str 中字符 s 的出现次数。

```
#include <stdio.h>
int fcount(char str[],char s);
int main(void)
{
    char str[80],s;
    gets(str);
    s=getchar();
    printf("%d",fcount(str,s));
    return 0;
}
/*考生在以下空白处定义函数*/
```

/*考生在以上空白处定义函数*/

五、程序设计题（每题 12 分，总共 36 分）

第 1 小题：

本程序的功能是：一种肥胖判定方法为：体重(kg)/[身高(m)的平方]。如果超过 25，就表示胖；如果低于 19，就表示瘦；如果在[19,25]范围内，则为标准。

【输入格式】

2 个正实数，分别表示体重和身高。

【输出格式】

一个字符串，fat 表示胖，thin 表示瘦，good 表示标准。

【输入样例】

100.1 1.74

【输出样例】

fat

【输入样例】

65 1.70

【输出样例】

good

```
/*考生在以下空白处编写程序*/




/*考生在以上空白处编写程序*/
```

第 2 小题：

本程序的功能是：输入 n 个整数，找出其中的最大值，并统计输出其中最大值出现的次数。

【输入格式】

第一行先给出序列长度 n（n<=30），随后是 n 个整数。

【输出格式】

一个整数，表示该序列中最大值出现的次数。

【输入样例】

5

8 2 5 8 6

【输出样例】

2

```
/*考生在以下空白处编写程序*/




/*考生在以上空白处编写程序*/
```

第 3 小题：

本程序的功能是：给定 m 位学生 n 门课程的成绩(m<=20，n<=10)，以及达标线。统计并

输出各门课程的平均分在达标线以上的学生人数。

【输入格式】

第一行包含 2 个整数，表示学生数 m 和课程数 n，接下来有 m 行，每行包含 n 个正整数，表示 1 位学生的 n 门课程成绩，最后一行包含一个整数，为达标线。

【输出格式】

一个整数，表示平均分在达标线以上的学生人数。

【输入样例】

3 4

72 85 76 91

67 62 68 99

78 71 89 82

75

【输出样例】

2

```
/*考生在以下空白处编写程序*/




/*考生在以上空白处编写程序*/
```

模拟试卷十五参考答案

一、判断题（每小题 1 分，共 10 分）

1	2	3	4	5	6	7	8	9	10
A	B	B	B	A	B	B	A	A	A

二、单项选择题（每题 2 分，共 20 分）

1	2	3	4	5	6	7	8	9	10
A	D	C	D	A	A	A	A	B	B

三、程序填空题（每空 3 分，共 18 分）

第 1 小题：

（1）【 i=n+1;i<1000;i++ 】　（2）【　b=i/10%10　】　（3）【　　break;　　】

第 2 小题:

（1）【　　　　i　　　　】　（2）【　　a[m]<a[j]　　】　（3）【　　　m!=i　　　】

四、函数设计题（每题 8 分，共 16 分）

第 1 小题:

```
/*考生在以下空白处定义函数*/
double fave(int n)
{
  int x[100];
  int i;
  double ave, sum=0;
  for(i=0;i<=n-1;i++)
    scanf("%d",&x[i]);
  for(i=0;i<=n-1;i++)
    sum += x[i];
  ave=sum/n;
  return ave;
}
/*考生在以上空白处定义函数*/
```

第 2 小题:

```
/*考生在以下空白处定义函数*/
int fcount(char str[], char s)
{
  int i, num=0;
  for(i=0;str[i]!='\0';i++)
  {
        if(s == str[i])
            num++;
  }
  return num;
}
/*考生在以上空白处定义函数*/
```

五、程序设计题（每题 12 分，总共 36 分）

第 1 小题:

```
#include <stdio.h>
int main(void)
{
    float body_mass, height;
    float bmi;
    scanf("%f%f",&body_mass,&height);
    bmi = body_mass / (height*height);
    if (bmi > 25)
        printf("fat\n");
    else if (bmi >= 19 && bmi <= 25)
        printf("good\n");
    else
        printf("thin\n");
    return 0;
}
```

第 2 小题:

```
#include <stdio.h>
```

```
int main(void)
{
    int a[30];
    int i, n;
    int max, index = 0;
    int index_num = 0;
    scanf("%d",&n);
    for (i = 0; i < n; i++)
        scanf("%d",&a[i]);
    max = a[0];
    for (i = 0; i < n; i++)
    {
        if (a[i] > max)
            index = i;
    }
    for (i = 0; i < n; i++)
    {
        if (max == a[i])
            index_num++;
    }
    printf("%d\n",index_num);
    return 0;
}
```

第 3 小题：

```
#include <stdio.h>
int main(void)
{
    int a[20][10];
    int i, j, m, n, score;
    int k = 0;
    float sum[20];
    float ave[20];
    scanf("%d%d",&m,&n);
    for (i = 0; i < m; i++)
    {
        for (j = 0; j < n; j++)
            scanf("%d", &a[i][j]);
    }
    scanf("%d",&score);
    for (i = 0; i < m; i++)
    {
        sum[i] = 0;
        ave[i] = 0;
        for (j = 0; j < n; j++)
            sum[i] += a[i][j];
        ave[i] = 1.0* sum[i] / n;
    }
    for (i = 0; i < m; i++)
        if (ave[i] > score)
            k++;
    printf("%d\n", k);
    return 0;
}
```

模拟试卷十六

判断题（每小题 1 分，共 109 分）

1. 形参是局部变量，其作用范围仅限于函数内部。（   ）
（A）正确
（B）错误

2. 以"a"方式打开一个文件时，既可读文件也可写文件。（   ）
（A）正确
（B）错误

3. C 语言的每个函数都可以用 return 语句返一个值。（   ）
（A）正确
（B）错误

4. 文件指针（FILE *）的值会随着文件的读写操作而不断改变。（   ）
（A）正确
（B）错误

5. 全局变量只能定义在程序的最前面，即第一个函数的前面。（   ）
（A）正确
（B）错误

6. 对文件进行读写操作之前必须打开文件。（   ）
（A）正确
（B）错误

7. C 语言程序的执行总是从 main 函数开始的。（   ）
（A）正确
（B）错误

8. 函数的实参可以是常量、变量或表达式。（   ）
（A）正确
（B）错误

9. 一个函数中有且只能有一个 return 语句。（   ）
（A）正确
（B）错误

10. 一个自定义函数中必须有一条 return 语句。（   ）
（A）正确
（B）错误

11. 宏定义时，宏名必须用大写字母表示。（   ）
（A）正确
（B）错误

12. 在定义函数时所指定的函数类型，确定了函数返回值的类型。（   ）
（A）正确
（B）错误

13. 函数在调用时，实参和形参的变量名不能相同。（　　）

（A）正确

（B）错误

14. 不同函数中不能使用同名变量。（　　）

（A）正确

（B）错误

15. 已知函数 fun 的类型为 void，void 的含义是执行函数 fun 后可以返回任意类型的值。
（　　）

（A）正确

（B）错误

16. 语句"return(a,b);"可以同时返回 a、b 两个值。（　　）

（A）正确

（B）错误

17. C 语言程序的执行从 main() 函数开始，所以 main() 函数必须放在程序最前面。（　　）

（A）正确

（B）错误

18. C 语言的编译预处理功能主要包括宏定义、文件包含和条件编译。（　　）

（A）正确

（B）错误

19. C 语言中的编译预处理命令都以"#"开头。（　　）

（A）正确

（B）错误

20. 在 C 语言程序中 main() 函数必须出现在所有函数之前。（　　）

（A）正确

（B）错误

21. C 语言的编译系统对宏命令的处理，在对源程序中其他语句正式编译之前进行。
（　　）

（A）正确

（B）错误

22. 编译预处理命令也属于 C 语句，必须在末尾加分号。（　　）

（A）正确

（B）错误

23. 每个 C 语言程序中只能包含一个函数。（　　）

（A）正确

（B）错误

24. C 语言程序中有且仅有一个 main() 函数。（　　）

（A）正确

（B）错误

25. 函数间接调用自身也是一种递归调用。（　　）

（A）正确

（B）错误

26. 标准输入文件、标准输出文件指键盘和显示屏。（   ）

（A）正确

（B）错误

27. 如有宏定义＃define fun(x,y) x*y，则 fun(3+2,4+5）的值为 45。（   ）

（A）正确

（B）错误

28. 在同一个作用域不可定义同名变量，在不同的作用域可以定义同名变量。（   ）

（A）正确

（B）错误

29. 要对文件进行操作必须先使用 fopen 函数打开该文件。（   ）

（A）正确

（B）错误

30. 语句 "fprintf(fp,"%d",a)；" 表示将变量 a 的值以十进制整数形式保存到指针 fp 所指向的文件中。（   ）

（A）正确

（B）错误

31. 按照数据存储的编码方式，文件可以分为二进制文件与文本文件。（   ）

（A）正确

（B）错误

32. 以 "w" 方式打开文本文件，若文件存在则文件原有内容被清除。（   ）

（A）正确

（B）错误

33. 文件由 ASCII 码字符序列组成，C 语言只能读写文本文件。（   ）

（A）正确

（B）错误

34. main()函数中定义的变量是全局变量。（   ）

（A）正确

（B）错误

35. 用函数 fgets(s,n,fp）读出的字符串的长度总是为n。（   ）

（A）正确

（B）错误

36. 文件由二进制数据序列组成，C 语言只能读写二进制文件。（   ）

（A）正确

（B）错误

37. 全局变量与局部变量的作用范围相同，不允许它们同名。（   ）

（A）正确

（B）错误

38. 在 C 语言中，从文件中将数据读到内存中称为输出操作。（   ）

（A）正确

（B）错误

39. 设 "float x=2.5, y=4.7；int a=7；"，表达式 a+(int)x+y 值为 14。（   ）

（A）正确

（B）错误

40. 若有说明 int x=1, y=1；则执行 y+=x+=1 后 y 的值为 2。（   ）

（A）正确

（B）错误

41. 如需调用 printf 函数，可使用编译预处理命令＃include<stdio.h>。（   ）

（A）正确

（B）错误

42. 若有宏定义#define MUL(m,n) m*n，则 MUL(2+1,3+2)的值为 7。（   ）

（A）正确

（B）错误

43. #define MAX 100 定义了一个变量 MAX 并使其值为 100。（   ）

（A）正确

（B）错误

44. 已知 a=−1，b=1，则条件表达式 a>b？a:b 的值为 1。（   ）

（A）正确

（B）错误

45. _1234 是一个合法的 C 语言标识符。（   ）

（A）正确

（B）错误

46. 判断 a、b、c 三个数是否相等可以用表达式 a==b==c 表示。（   ）

（A）正确

（B）错误

47. C 语言中的变量可以不用定义直接使用。（   ）

（A）正确

（B）错误

48. 执行语句 int x=2.6 后，变量 x 的值为 3。（   ）

（A）正确

（B）错误

49. C 语言的所有变量定义必须放在函数内部。（   ）

（A）正确

（B）错误

50. 如需调用数学库函数，可使用编译预处理命令＃include math.h。（   ）

（A）正确

（B）错误

51. 若 a=2，b=3，则执行语句 "a++==b && b++；" 后 b 的值为 4。（   ）

（A）正确

（B）错误

52. 静态变量如果未赋值，其值就是 0。（　　　）
（A）正确
（B）错误

53. C 语言中的变量名可以使用大写字母。（　　　）
（A）正确
（B）错误

54. 8<10<0 是不符合 C 语言语法规则的表达式，无法计算其值。（　　　）
（A）正确
（B）错误

55. 'In' 是 C 语言中的合法常量。（　　　）
（A）正确
（B）错误

56. 若声明 int x，则表达式 !x 等价于 x!=0。（　　　）
（A）正确
（B）错误

57. break 用于结束整个循环过程，不再判断执行循环的条件是否成立。（　　　）
（A）正确
（B）错误

58. C 语言的三种循环结构可以互相嵌套。（　　　）
（A）正确
（B）错误

59. continue 语句的作用是使程序的执行流程跳出包含它的所有循环。（　　　）
（A）正确
（B）错误

60. 当 do-while 循环语句的条件满足的时候，循环就会结束。（　　　）
（A）正确
（B）错误

61. 定义结构体类型时的关键字 struct 不能省略。（　　　）
（A）正确
（B）错误

62. 定义一个结构体变量时，系统为它分配的内存空间是结构体中某个成员所需的内存容量。（　　　）
（A）正确
（B）错误

63. 数组名本身就是一个地址，也就是指向数组首元素的指针。（　　　）
（A）正确
（B）错误

64. 若有声明"int a[]={0,1,2,3,4,5,6,7,8,9},*p=a；"，则 p[2] 表示数组元素 a[2] 的地址。（　　　）
（A）正确
（B）错误

65. switch 语句中多个 case 标号可以共用一组语句。（　　　）

（A）正确

（B）错误

66. C 语句 "char *pArr[]={"helo","world"};" 定义了一个包含两个元素的指针数组 pArr。（　　　）

（A）正确

（B）错误

67. 若有定义 "char x[]="abcdefg";char y[]={'a', 'b', 'c', 'd', 'e', 'f', 'g'};"，则数组 x 的长度跟数组 y 的长度相同。（　　　）

（A）正确

（B）错误

68. for 循环语句的循环体可能一次也不执行。（　　　）

（A）正确

（B）错误

69. 单层循环中的 break 语句只会执行一次。（　　　）

（A）正确

（B）错误

70. 在 C 语言中，在 else 之后可以直接跟表示条件的表达式。（　　　）

（A）正确

（B）错误

71. 在两个基本类型相同的指针变量间，可以进行相加运算。（　　　）

（A）正确

（B）错误

72. 每条 if 语句中都必须包含 else。（　　　）

（A）正确

（B）错误

73. 若有定义 "int x[5],*p=x+1;"，则*（p++）的值等于 x[2]。（　　　）

（A）正确

（B）错误

74. continue 语句只用于循环语句中，作用是强制跳出所在循环。（　　　）

（A）正确

（B）错误

75. 结构体数组允许在定义的时候直接进行初始化。（　　　）

（A）正确

（B）错误

76. 在 switch 语句中，switch 后括号内的表达式可以是整型、字符型或者浮点型。（　　　）

（A）正确

（B）错误

77. 指针数组也就是数组指针。（　　　）

（A）正确

（B）错误

78. 若用数组名作为函数调用的实参，则传递给形参的是数组的第一个元素的值。（　　　）

（A）正确

（B）错误

79. 若有声明"char s[]="hello", *p=s;"，则指针 p 中的内容和数组中的内容相同。（　　　）

（A）正确

（B）错误

80. 设"char *p;"可以直接使用语句"scanf("%s",p);"输入一个字符串。（　　　）

（A）正确

（B）错误

81. 若有声明"char st[]={ "123456 " },*p=st+2;"，则表达式*p++的值为 3。（　　　）

（A）正确

（B）错误

82. else 总是与其上面最近的且尚未配对的 if 配对。（　　　）

（A）正确

（B）错误

83. 执行语句"int *p;"后指针变量 p 只能指向 int 类型的变量。（　　　）

（A）正确

（B）错误

84. while 循环语句的循环体至少执行一次。（　　　）

（A）正确

（B）错误

85. 若有声明"int a[10]={1,2,3,4,5,6,7,8,9,10},*p=a;"，则表达式*(p+=5)的值为 6。（　　　）

（A）正确

（B）错误

86. 要通过函数调用来改变主调函数中某个变量的值，可以把指针作为函数的参数。（　　　）

（A）正确

（B）错误

87. 每个 switch 语句，都必须包含 default 分支。（　　　）

（A）正确

（B）错误

88. 在嵌套循环中，每一层循环一般不改变其他层循环控制变量的值，以免互相干扰。（　　　）

（A）正确

（B）错误

89. for 循环只能用于循环次数已经明确的情况。（　　　）

（A）正确

（B）错误

90. 在 switch 语句中，不同 case 对应常量表达式的值可以相同。（　　　）

（A）正确

（B）错误

91. 若有声明"int a=2,*p=a；"，则表达式*p 和表达式 a 的值不相等。（　　）

（A）正确

（B）错误

92. break 语句可用于循环语句中，作用是强制跳出所在循环。（　　）

（A）正确

（B）错误

93. 若有定义 int a[][3]={{O,1},{2}}，则数组元素 a[1][2] 的值无法确定。（　　）

（A）正确

（B）错误

94. do-while 循环语句的循环体至少执行一次。（　　）

（A）正确

（B）错误

95. 若有声明"int a[]={1,2,3,4,5},*p=a；"，则表达式*p++的值是 2。（　　）

（A）正确

（B）错误

96. continue 语句只能出现在循环语句的循环体中。（　　）

（A）正确

（B）错误

97. 假设变量 first 与变量 second 的当前值分别是 12.75 和 13.75，那么，执行语句 second+= first；后，变量 first 的值为 12.75，变量 second 的值为 26.5。（　　）

（A）正确

（B）错误

98. break 语句可以出现在各种循环体，当执行该语句后，其所在的循环结构强制结束。（　　）

（A）正确

（B）错误

99. C++程序中，每条语句结束时都加一个英文句号"."。（　　）

（A）正确

（B）错误

100. C++语言中，变量是不区分大小写字母的。（　　）

（A）正确

（B）错误

101. C++语言是一种以编译方式实现的高级语言。（　　）

（A）正确

（B）错误

102. 每一个 C 语言程序都必须有一个 main 函数。（　　）

（A）正确

（B）错误

103. C 语言程序的三种基本结构是顺序结构、选择结构和 if 结构。（　　）

（A）正确

(B) 错误

104. 在 C 程序中，每行只能写一条语句。（　　　）

(A) 正确

(B) 错误

105. if 语句一定要结合 else 使用。（　　　）

(A) 正确

(B) 错误

106. continue 语句只是结束循环体的本次循环，而不是终止整个循环结构的执行。（　　　）

(A) 正确

(B) 错误

107. 在 C++程序中，cout 语句能够为程序输入数据。（　　　）

(A) 正确

(B) 错误

108. 若有定义 int a[ ][3]={{0},{1},{2}}；则数组元素 a[1][2]的值无法确定。（　　　）

(A) 正确

(B) 错误

109. '\n'是 C 语言中的合法常量。（　　　）

(A) 正确

(B) 错误

模拟试卷十六参考答案

判断题（每小题 1 分，共 109 分）

1	2	3	4	5	6	7	8	9	10
A	B	B	B	B	A	A	A	B	B
11	12	13	14	15	16	17	18	19	20
B	A	B	B	B	B	B	A	A	B
21	22	23	24	25	26	27	28	29	30
A	B	B	A	A	A	B	A	A	A
31	32	33	34	35	36	37	38	39	40
A	A	B	B	B	B	B	B	B	B
41	42	43	44	45	46	47	48	49	50
A	A	B	A	A	B	B	B	B	B
51	52	53	54	55	56	57	58	59	60
B	A	A	B	A	B	A	A	B	B
61	62	63	64	65	66	67	68	69	70
A	B	A	B	A	A	B	A	A	B
71	72	73	74	75	76	77	78	79	80
B	B	B	B	A	B	B	B	A	B

续表

81	82	83	84	85	86	87	88	89	90
A	A	A	B	A	A	B	A	B	B
91	92	93	94	95	96	97	98	99	100
A	A	B	A	B	A	A	A	B	B
101	102	103	104	105	106	107	108	109	
A	A	B	B	B	A	B	B	A	

模拟试卷十七

单项选择题（每题 2 分，共 200 分）

1. 以只读方式打开文本文件 c:\data\test.dat，以下正确的是（　　）。

A. fp=fopen(c:\data\test.dat","r")　　　　B. fp=fopen(" c:\\data\\test.dat","w")

C. fp=fopen("c:\\data\\test.dat","r")　　　D. fp=fopen(" c:\data\test.dat","w")

2. 以下说法中正确的是（　　）。

A. C 语言程序总是从第一个定义的函数开始执行

B. C 程序中的 main 函数必须放在程序的开始处

C. 在 C 语言程序中，被调用的函数必须在 main 函数中定义

D. C 程序总是从主函数 main 开始执行

3. 关于 C 程序首先运行的函数，下列说法中正确的是（　　）。

A. 一定是 main 函数　　　　　　　　　B. 一定是最前面的 1 个函数

C. 可在运行时指定　　　　　　　　　　D. 无法确定

4. 设 a 为整型变量，要想表示 a 大于 10 并且小于 15，以下哪项是正确的 C 语言表达式（　　）。

A. 10<a<15　　　　　　　　　　　　　B. a>10&&a<15

C. a>10　　　　　　　　　　　　　　　D. a==11||a==12||a==13||a==14

5. 执行代码 "int x=010; printf("%d",x); "，则屏幕上的输出结果是（　　）。

A. 010　　　　　　B. 10　　　　　　　C. 8　　　　　　D. 报错

6. 执行语句 "fp=fopen("file","w"); "后，以下对文本文件 file 的操作叙述正确的是（　　）。

A. 可以在原有内容后追加写　　　　　　B. 写操作结束后可以从头开始读

C. 可以随意读和写　　　　　　　　　　D. 只能写不能读

7. 若设 "int a=1,b=2,c=3; "，则表达式 a==b==c 的值是（　　）。

A. 3　　　　　　　B. 2　　　　　　　　C. 1　　　　　　D. 0

8. 以读写方式打开文本文件 file.txt，以下操作正确的是（　　）。

A. fp=fopen("file","r")　　　　　　　　B. fp=fopen(" file","r+")

C. fp=fopen("file","rb")　　　　　　　　D. fp=fopen("file","w")

9. 执行代码

```
float x=2.5, y=4.7;
int a=7;
printf("%.1f", x+ a%3*(int)(x+y)%2/4);
```

输出的结果为（　　）。

A. 2.5　　　　　　B. 2.8　　　　　　C. 3.5　　　　　　D. 3.8

10. 若要使函数不带回任何值，可以（　　）。

A. 不使用 return 语句　　　　　　　　B. 不定义函数类型

C. 把函数定义为 void 类型　　　　　　D. 把函数定义为 none 类型

11. 以下关于嵌套的说法，正确的是（　　）。

A. 函数的定义可以嵌套，但函数的调用不可以嵌套

B. 函数的定义不可以嵌套，但函数的调用可以嵌套

C. 函数的定义和函数的调用均不可以嵌套

D. 函数的定义和函数的调用均可以嵌套

12. 以下选项中，当 x 为大于 2 的偶数时，值为 0 的表达式是（　　）。

A. x%2==0　　　　　　B. x/2　　　　　　C. x/2!=0　　　　　　D. x%2==1

13. 若"FILE *fp；"，则下列关闭文件的语句中正确的是（　　）。

A. fp.close()　　　　　B. close(fp)　　　　　C. fclose(fp)　　　　　D. fp.fclose()

14. 下列关于函数的说法中，错误的是（　　）。

A. 一个 C 程序是由若干函数组成的　　　　　B. C 程序中的函数是各自独立的

C. main 函数可以调用其他的函数　　　　　D. 只有 main 函数中才可以定义别的函数

15. 为了写文本文件 a.txt，以下打开文件的语句正确的是（　　）。

A. fp=fopen("a.txt","r")　　　　　　　　　B. fp=fopen("a.txt","rb")

C. fp=fopen("a.txt","wb")　　　　　　　　D. fp=fopen("a.txt","w")

16. C 语言规定，程序中各函数之间（　　）。

A. 既允许直接递归调用，也允许间接递归调用

B. 既不允许直接递归调用，也不允许间接递归调用

C. 允许直接递归调用，不允许间接递归调用

D. 不允许直接递归调用，允许间接递归调用

17. 下列函数定义，正确的是（　　）。

A. double f(int x; int y){return x+y;}　　　　B. int f(int x, y){return x+y;}

C. f(x, y){return x+y;}　　　　　　　　　　D. double f(int x, int y){return x+y;}

18. 设"int a; a=(int)((double)(3/2)+0.5 + (int)1.99*2);"，则变量 a 的值是（　　）。

A. 4　　　　　　　　　B. 4.5　　　　　　　C. 3　　　　　　　　D. 3.5

19. 若要从文件把数据读入整型变量 a 和 b，正确的形式是（　　）。

A. fscanf(fp," %d%d" ,&a，&b)　　　　　B. fscanf(fp," %d%d",a,b)

C. fprintf(fp,"%d",a,b)　　　　　　　　　D. fscanf("%d%d",&a,&b)

20. 函数直接或间接地调用本身，一般称为（　　）。

A. 递归调用　　　　　B. 嵌套调用　　　　　C. 迭代调用　　　　　D. 循环调用

21. 以下关于局部变量和全局变量的说法中，错误的是（　　）。

A. main 函数中定义的变量是局部变量　　　B. 局部变量可以与全局变量重名

C. 不同函数中不可定义同名变量　　　　　D. 在所有函数外定义的变量是全局变量

22. 定义"FILE *fp；"，则文件指针 fp 指向（　　）。

A. 文件在磁盘上的读写位置　　　　　　　B. 文件在缓冲区上的读写位置

C. 整个磁盘文件　　　　　　　　　　　　D. 文件类型结构变量

23. 如果在函数中定义一个变量，那么有关该变量作用域说法正确的是（　　）。

A. 只在该函数中有效　　　　　　　　　　B. 在该程序文件中总是有效

C. 只在 main 函数中有效　　　　　　　　D. 在该函数以及 main 函数中都是有效的

24. 以下有关 main 函数说法中，正确的是（　　）。

A. 一个 C 语言程序可以有多个 main 函数

B. C 语言程序可以没有 main 函数

C. 一个 C 语言程序有且只有一个 main 函数

D. 一个 C 语言程序就是一个 main 函数

25. 执行代码 "int x=68,y; y=x/10;" 后 y 的值是（　　）。

A. 6　　　　　　　　B. 7　　　　　　　　C. 6.8　　　　　　　　D. 7.0

26. 下列说法中错误的是（　　）。

A. 函数中可以没有 return 语句

B. 函数中可有多个 return 语句，以便调用一次返回多个值

C. 函数中若没有 return 语句，则应定义函数为 void 类型

D. 函数的 return 语句中可以没有表达式

27. 有如下定义，下列说法中正确的是（　　）。

```
*fp=fopen("a.txt","w");
```

A. 若文件不存在，则打开失败

B. 如文件已有内容，写文件会添加到文件末尾

C. 可以对文件进行读写操作

D. 不管文件是否存在，会打开一个空的文本文件

28. 一个函数返回值的类型决定于（　　）。

A. 定义函数时指定的函数类型　　　　　B. 在调用函数时临时指定

C. 函数体中的返回语句　　　　　　　　D. 调用该函数的主调函数的类型

29. 已知函数的调用形式为 "fread(buffer, size, count, fp);"，则 buffer 代表（　　）。

A. 一个整数变量，代表要读入的数据项总数

B. 一个文件指针，指向要读的文件

C. 一个指针，指向要读入数据的存放地址

D. 一个存储区，存放要读的数据

30. 以下说法中正确的是（　　）。

A. 实参类型和形参类型必须一致　　　　B. 实参可以是常量、变量和表达式

C. 形参可以是常量、变量和表达式　　　D. 实参顺序与形参顺序可以不一致

31. 若用数组名作为函数调用时的实参，则实际上传递给形参的是（　　）。

A. 数组首元素的地址　　　　　　　　　B. 数组的第一个元素值

C. 数组中全部元素的值　　　　　　　　D. 数组元素的个数

32. 对于以下递归函数 f, f(4) 的值是（　　）。

```
int f(int n){
  if (n!= 1) return f(n-1) + n; else return n;
}
```

A. 10　　　　　　　　B. 9　　　　　　　　C. 8　　　　　　　　D. 7

33. 关于函数中的 return 语句，下列说法中正确的是（　　）。

A. 函数可以包含多条 return 语句

B. 函数一定要包含 return 语句

C. 每个函数只能包含 return 语句

D. 所有 return 语句，return 后必须加返回的值

34. 若有声明"int a[11];"，则对 a 数组元素引用不正确的是（   ）。

A. a[11]   B. a[−3+5]   C. a[11−11]   D. a[5]

35. 在 C 语言中，下列关于文件操作的叙述中正确的是（   ）。

A. 对文件操作时需要先关闭文件

B. 对文件操作时需要先打开文件

C. 对文件操作时，必须先检查文件是否存在，然后再打开文件

D. 对文件操作时，打开和关闭文件的顺序没有要求

36. 设"char str[]="hello", *p=str;"，下列输入语句有错误的是（   ）。

A. scanf("%s",p);   B. scanf("%s",str);

C. scanf("%s",p+2);   D. scanf("%s",*p);

37. 定义数组"int a[3][2];"，以下能正确表示数组 a 中某个元素的是（   ）。

A. a[3][0]   B. a[3][2]   C. a[0][2]   D. a[1][0]

38. 若有如下定义"struct { int x,y,z; }a={4,3,2},*p=&a;"，则表达式++p->y 的值为（   ）。

A. 5   B. 4   C. 3   D. 2

39. 设有如下定义：

```
struct sk{
int x; float y;
}n, *p=&n;
```

以下引用中正确的是（   ）。

A. (*p).x   B. p->n.x   C. (*p)->x   D. p.n.x

40. 设定义结构变量"struct { int a,b; }x[3]={{1,2},{3,4},{5,6}};"，则表达式 x[0].a+x[2].b/x[1].a 的值是（   ）。

A. 2   B. 3   C. 4   D. 5

41. 以下哪项说法是正确的（   ）。

A. 结构体中的各成员数据类型必须相同

B. 结构体类型定义和结构变量定义完全等价

C. 结构变量可以在定义时指定初始值

D. 访问结构变量中的成员时可以使用运算符" $"

42. 定义指针"int *p;"，则指针 p 应指向什么类型的变量（   ）。

A. int   B. float   C. double   D. 任意类型

43. 若有声明"int *p[5], a[5];"，则以下哪项是正确的赋值（   ）。

A. p=a   B. *p=a[0]   C. p=&a[0]   D. p[0]=a

44. 若有声明"char st[]={"123456"}, *p=st;"，则语句"printf("%C", *(++p + 3));"输出为（   ）。

A. 4   B. 5   C. 45   D. 56

45. 若有声明"char *p[]={"hello","world"};"，则语句"printf("%s",*p+1);"输出为（   ）。

A. hello   B. ello   C. world   D. orld

46. 若有声明"char s[]="Hello World", *p=s;"，则语句"printf("%c",*p);"输出为（   ）。

A. H   B. e   C. W   D. o

47. 设"int a,*p=&a;"，以下哪项表达式不成立（   ）。

A. *p==&a   B. *p==*&a   C. (*p)++==a++   D. *(p++)==a++

48. 设 1 个 float 类型变量在内存中占 4 字节，则定义 "float x[5]={1,2,3};" 后，数组 x 所占字节数是（   ）。

A. 不确定   B. 20   C. 16   D. 12

49. 设 "int *p, *q;"，以下哪项运算是合法的（   ）。

A. p/q   B. p*q   C. p+q   D. p-q

50. 根据如下定义，能在屏幕上输出字母 W 的语句是（   ）。

```
struct student{
char name[10];
int age;
}stus[6]={"Li",20, "Wu",23,"Sun",25};
```

A. printf("%c" ,stus[1].name);   B. printf("%c",stus[1].name[0]);

C. printf("%c",stus[2].name[0]);   D. printf("%c" ,stus[3].name[0]);

51. 设有如下定义：

```
struct {
int x;
} s={20}, *p=&s;
```

语句 "printf("%d", p->x+ +);" 输出为（   ）。

A. 20   B. 21   C. 随机   D. 报错

52. 若有声明 "int a[10],*p=a;"，则以下哪项可以正确表示数组 a 中的某个元素（   ）。

A. &p[1]   B. p(2)   C. *p   D. *(p+10)

53. 若有声明 "int i=2;"，则执行 "do{i+=5;} while (i<15);" 程序段后变量 i 的值是（   ）。

A. 17   B. 12   C. 7   D. 2

54. 若声明 "int i=1;"，则执行下列程序段后 i 的值是（   ）。

```
switch(i){
case 1: i++;break;
case 2: i++;break;
case 3: i++;break;
}
```

A. 2   B. 4   C. 1   D. 3

55. 若声明 "int i=1;"，则执行下列程序段后 i 的值是（   ）。

```
switch(i){
case 1: i++;
case 2: i++;
case 3: i++;
}
```

A. 2   B. 4   C. 1   D. 3

56. 若有声明 "int i;"，则下列程序段输出为（   ）。

```
for(i=0; i<5; i++)
{ if(i%3= =0) continue;
printf("%d ", i);}
```

A. 1 2 4   B. 0 1 2 4   C. 1 2 3 4   D. 0 1 2 3 4

57. 若有声明"int x=3，y=2，z=1；"，则执行以下语句后 x,y,z 的值分别是（　　　）。

```
if(x>y) x=y;
if(x>z) x=z;
```

A. 1,2,1 　　　　　　B. 1,1,1 　　　　　　C.3,2,1 　　　　　　D. 1,2,3

58. 若有声明"int i=0,s=0；"，则执行"while(i++<6) s+=i；"程序段后 s 的值为（　　　）。

A. 15 　　　　　　B. 16 　　　　　　C.21 　　　　　　D. 22

59. 若有声明"int i,s=0；"则执行下列程序段后，s 的值为（　　　）。

```
for(i=1;i<1000;i++) s+=i++;
```

A. 1～999 的所有奇数之和　　　　　　B. 1～999 的所有整数之和

C.1～998 的所有偶数之和　　　　　　D. 1～1000 的所有偶数之和

60. 若 i, j 已声明为 int 类型，则以下程序段中语句 k++的执行次数是（　　　）。

```
for (i=5; i>0; i--)
for (j=0; j<4; j++) { k++; }
```

A. 4 　　　　　　B. 5 　　　　　　C. 9 　　　　　　D. 20

61. 若变量已正确定义，要求程序段完成求 5!的计算，以下不能完成此操作的是（　　　）。

A. for(i=1,p=1;i<=5;i++) p*=i;　　　　　　B. for(i=1;i<=5;i++) p=1;p*=i;

C. i=1;p=1;while(i<=5) {p*=i; i++;}　　　　　　D. i=1;p=1;do { p*=i; i++;} while(i<=5);

62. 若有声明"int i=5, s=0；"，则执行下列程序段后 s 的值为（　　　）。

```
while(i- - > 0){
if (i%2==1) continue;
  s+=i;}
```

A. 15 　　　　　　B. 9 　　　　　　C.6 　　　　　　D. 4

63. 要使得下列语句中"y=x"执行，x 需满足（　　　）。

```
if(x<=3); else if(x!=10) y=x;
```

A. 大于 3 且不等于 10 的整数　　　　　　B. 不等于 10 的整数

C. 大于 3 且等于 10 的整数　　　　　　D. 小于 3 的整数

64. continue 语句可用于（　　　）。

A. 终止函数执行　　　　　　B. 继续执行 continue 后面的语句

C. 终止所在的一层循环过程　　　　　　D. 提前终止正在执行的一轮循环

65. 在 switch 语句中，switch 后括号内的表达式不可以是（　　　）。

A. double 　　　　　　B. char 　　　　　　C. short 　　　　　　D. int

66. 下列语句中，能实现将整型变量 a, b 中较小者赋值给 m 的是（　　　）。

A. m=a;if(a>b) m=b;　　　　　　B. m=b; if(a>b) m=a;

C. if(a>b)　m=b;　　　　　　D. m=b; if(a>b)

67. 若有声明 int x=1；则以下循环语句的循环体的执行次数是（　　　）。

```
do { x=x*x;} while(!x);
```

A. 0 　　　　　　B. 1 　　　　　　C. 2 　　　　　　D. 无限次

68. 若有声明"int k=0；"，则"while(k=1) k++；"程序段中 while 循环体执行的次数是

（　　）。

    A. 0　　　　　　　B. 1　　　　　　　C. 2　　　　　　　D. 无限次

69. 下列语句中，能实现将整型变量 x 的绝对值赋值给 y 的是（　　）。

    A. if(x<0)　y=-x;　　　　　　　　B. y=x; if(y<0) y=-y;

    C. if(y<0) y=-x; else y=x;　　　　　D. if(y>0) y=x; else y=-x;

70. 若有声明 "int n,t=1;"，为使下列程序段不陷入死循环，n 值可为（　　）。

```
do{t=t- 2;} while(t!=n);
```

    A. 负奇数　　　　　B. 正奇数　　　　　C. 正偶数　　　　　D. 负偶数

71. 若有声明 int i; double s；则下列语句段中，可将 1 + 1/3+ 1/5+……+ 1/9 值赋给 s 的是
（　　）。

    A. for(s=0,i=0;i<10;i++)　s+=1.0/i;　　　B. for(s=0,i=0;i<10;i++)　s+=1/i;

    C. for(s=1,i=1;i<10;i+=2) s+=1.0/i;　　　D. for(s=0,i=1;i<10;i+=2) s+=1.0/i;

72. break 语句可用于（　　）。

    A. 终止函数执行　　　　　　　　　B. 终止程序执行

    C. 终止所在的一层循环过程　　　　　D. 提前终止正在执行的一轮循环

73. 若有声明 int x=1,y=2,z=3,则执行语句"if(x<y) z=x; x=y; y=z;"后 x, y,z 的值为（　　）。

    A. 1,2,3　　　　　B. 2,3,3　　　　　C. 2,1,1　　　　　D. 2,3,1

74. 下列关于 switch 语句的 case 后面内容的说法中正确的是（　　）。

    A. 只能是常量表达式　　　　　　　B. 只能是常量

    C. 可以是常量或变量　　　　　　　D. 可以是任意表达式

75. 若有声明 "int i=6, s=0;"，则执行下列程序段后 s 的值为（　　）。

```
while(i>0){
   if (i%2==1) break;
   s+=i- -;}
```

    A. 15　　　　　　　B. 9　　　　　　　C. 6　　　　　　　D. 4

76. 下列哪个不属于 C 语言的数据类型（　　）。

    A. int　　　　　　　B. float　　　　　　C. var　　　　　　D. long

77. 下列 C 语言中合法的变量名是（　　）。

    A. you　　　　　　B. 2a　　　　　　　C. *x　　　　　　D. int

78. 在 C 语言中，表达式 8/5 的结果是（　　）。

    A. 1.6　　　　　　　B. 3　　　　　　　C. 1　　　　　　　D. 0

79. 在 C 语言中，表达式 5%2 的结果是（　　）。

    A. 2.5　　　　　　　B. 2　　　　　　　C. 3　　　　　　　D. 1

80. 在 C 语言中,能正确表示逻辑关系:"a>=10 或 a<=0"的 C 语言程序表达式是（　　）。

    A. a>=10 or a<=0　　　　　　　　B. a>=0 | a<=10

    C. a>=10 && a<=0　　　　　　　　D. a>=10 || a<=0

81. 计算机能直接执行的程序是（　　）。

    A. 源程序　　　　　B. 目标程序　　　　C. 汇编程序　　　　D. 可执行程序

82. 以下是 if 语句的基本形式 if(表达式)语句；其中的 "表达式"，说法正确的是（　　）。

A. 必须是逻辑表达式

B. 必须是关系表达式

C. 必须是逻辑表达式或关系表达式

D. 可以是任意合法的表达式

83. 以下叙述不正确的是（　　　）。

A. 一个 C 源程序必须包含一个 main 函数。

B. 在 C 程序中，注释说明只能位于一条语句的后面。

C. 在 C 程序中，变量名不能用数字开头。

D. C 源程序在编译时，遇到有语法错误会中断编译。

84. 在 C 语言中，要求运算数必须是整数型的运算符是（　　　）。

A. /　　　　　　　　　B. %　　　　　　　　　C. !=　　　　　　　　　D. ++

85. 以下程序执行后，输出的结果是（　　　）。

```
#include <iostream>
using namespace std;
int main(){
    int i,a=1;
    for(i=0;i<=5;i++){
        a+=i;
    }
    cout<<a;
    return 0;
}
```

A. 13　　　　　　　　　B. 14　　　　　　　　　C. 15　　　　　　　　　D. 16

86. 若有声明 int k=0；下列程序段中 while 循环体执行的次数是（　　　）。

```
while (k==1) k++;
```

A. 0　　　　　　　　　B. 1　　　　　　　　　C. 2　　　　　　　　　D. 无数次

87. 若有声明 int i；执行下列程序段输出为（　　　）。

```
for (i=1;i<5;i++)
{  printf("%d",i);
    if (i==3) break;
}
```

A. 123　　　　　　　　　B. 12　　　　　　　　　C. 1234　　　　　　　　　D. 124

88. 执行代码 int x=010; printf("%d", x)；则屏幕上的输出结果是（　　　）。

A. 010　　　　　　　　　B. 10　　　　　　　　　C. 8　　　　　　　　　D. 报错

89. 关于 C 程序首先运行的函数，下列说法正确的是（　　　）。

A. 一定是 main 函数　　　　　　　　　B. 一定是最前 1 个的函数

C. 可在运行指定　　　　　　　　　D. 无法确定

90. 以下函数定义，错误的是（　　　）。

A. void f(int i) { return i+1; }　　　　　　　　　B. void f() { }

C. void f(int i) { }　　　　　　　　　D. int f() {return 0; }

91. 有如下定义，下面说法正确的是 FILE *fp=fopen("a.txt", "w"); （　　　）。

A. 若文件不存在，则打开失败

B. 如文件已有内容，写文件会添加到文件末尾

C. 可以对文件进行读写操作

D. 不管文件是否存在，会打开一个空的文本文件

92. 若有声明 char st[]={"123456"}, *p=st；则语句 printf ("%c", *(++p+3))；输出为（   ）。

A. 4   B. 5   C. 45   D. 56

93. 下面对数组 s 的初始化，不正确的是（   ）。

A. char s[5]=("abc");   B. char s[5]={'a','b','c','\0'};

C. char s[5]="";   D. char s[5]="abcde";

94. 要想定义整型变量 a、b，双精度型变量 x，并给它们赋初值，以下正确的是（   ）。

A. int a=b=1; double x=1.0;

B. int a=b=1; double x=1;

C. int a=1,b=1; double x=1.0;

D. int a=1;b=1; double x=1;

95. 定义结构变量时，下列哪项语句是错误的？（   ）

A. struct stu{ char StuId[8]; int age;}s;

B. struct { char StuId[8]; int age;}s;

C. struct stu{ char StuId[8]; int age;}; struct stu s;

D. struct stu{ char StuId[8]; int age;}; stu s;

96. 若有声明 int i;double s；下列语句段中，可将 1+1/3+1/5+...+1/9 值赋给 s 的是（   ）。

A. for (s=0, i=0; i<10;i++) s+=1.0/++i;

B. for (s=0, i=0; i<10;i++) s+=1.0/(i+1);

C. for (s=1, i=1; i<10;i++) s+=1.0/(i+2);

D. for (s=1, i=1; i<10;i+=2) s+=1.0/i;

97. 执行语句 fp=fopen ("file","w")；后，以下对文本文件 file 操作叙述，正确的是（   ）。

A. 可以在原有内容后追加写

B. 写操作结束后可以从头开始读

C. 可以随意读和写

D. 只能写不能读

98. 下列循环语句中，循环次数不是 5 次的是（   ）。

A. for (i=0;i<=5;i++){ };   B. for (i=1;i<6;i++){ };

C、for (i=0;i<5;i++){ };   D. for (i=1;i<=5;i++){ };

99. 以下能对二维数组 a 进行正确初始化的语句是（   ）。

A. int a[2][]={{1,0,1}, {5,2,3}};   B. int a[][3]={{1,2,3}, {4,5,6}};

C. int a[2][4]={{1,2,3}, {4,5}, {6}};   D. int a[][3]={{1,0,1}; {}; {1,1}};

100. 定义结构类型时，以下哪项是正确的？（   ）

A. struct point { double x; double y; }

B. point { double x; double y; }

C. struct point { double x; double y; };

D. point [double x; double y;];

模拟试卷十七参考答案

单项选择题（每题 2 分，共 200 分）

1	2	3	4	5	6	7	8	9	10
C	D	A	B	C	D	D	B	A	C
11	12	13	14	15	16	17	18	19	20
B	D	C	D	D	A	D	C	A	A
21	22	23	24	25	26	27	28	29	30
C	D	A	C	A	B	D	A	C	B
31	32	33	34	35	36	37	38	39	40
A	A	A	A	C	D	D	B	A	B
41	42	43	44	45	46	47	48	49	50
C	A	D	B	B	A	A	B	D	B
51	52	53	54	55	56	57	58	59	60
A	C	A	A	B	A	A	C	A	D
61	62	63	64	65	66	67	68	69	70
B	C	A	D	A	A	B	D	B	A
71	72	73	74	75	76	77	78	79	80
D	C	C	A	C	C	A	C	D	D
81	82	83	84	85	86	87	88	89	90
D	D	B	B	D	A	A	C	A	A
91	92	93	94	95	96	97	98	99	100
D	B	D	C	C	A	D	A	B	C

模拟试卷十八

一、程序填空题（共 **25** 题）

请在划线处填入合适的代码，使得程序可以实现题目中要求的功能。

1. 程序运行时，输入 10 个数，分别输出其中的最大值和最小值。

【输入样例】

5 4 3 2 1 -1 7 8 9 0

【输出样例】

9.000000，-1.000000

【程序代码】

```c
#include <stdio.h >
int main()
{
    float x, max, min;
    int i;
    for(i = 1; 【_____】; i++)
    {
        scanf("%f", &x) ;
        if(【_____】){
            max = x;
            min = x;
        }
        else{
            if(x > max) max = x;
            if(【_____】) min = x;
        }
    }
    printf("%f,%f\n", max, min) ;
    return 0;
}
```

2. 有 15 个已经排好序的整数存放在一个数组中，输入 1 个整数，要求用二分查找法找出该数是数组中第几个元素的值。

【输入样例】

6

【输出样例】

7

【程序代码】

```c
#include <stdio.h >
int main(void)
{
    int N=15, number, top, bott, mid;
    int a[15] = { -3,-1,0,1,2,4,6,7,8,9,12,19,21,23, 51};
    top = 0;
    【_____】 ;
    scanf("%d", &number);
    while(top <= bott)
```

```
        {
            mid = (top + bott) / 2;
            if(【_____】)
            {
                printf("%d\n", mid + 1);
                break;
            }
            else if(number < a[mid]) bott = mid - 1;
            else 【_____】;
        }
        if(top > bott) printf("not found\n");
        return 0;
}
```

3. 读入若干个整数，以 0 为结束，计算这些数的平均值，保留两位小数。

【输入样例】

1 2 3 4 5 0

【输出样例】

3.00

【程序代码】

```
#include <stdio.h >
int main(void)
{
    double ave = 0;
    int v, k = 0;
    scanf("%d", &v);
    while(【_____】)
    {
        【_____】 ;
        ave += v;
        scanf("%d", &v);
    }
    ave =【_____】;
    printf("%.2f", ave);
    return 0;
}
```

4. 输入 10 个整数，将这 10 个数从大到小排序后输出。

【输入样例】

23 67 17 56 63 97 43 38 72 78

【输出样例】

97 78 72 67 63 56 43 38 23 17

【程序代码】

```
#include <stdio.h >
int main()
{
    int a[10], i, j, m, t;
    for(i = 0; i < 10; i++)
        scanf("%d", &a[i]);
    for(i = 0; i < 9; i++)
    {
        m =【_____】;
        for(j = i + 1; j < 10; j++)
```

```
                        if( 【_____】)
                            m = j;
                    if( 【_____】)
                    {
                        t = a[i];
                        a[i] = a[m];
                        a[m] = t;
                    }
            }
        for(i = 0; i < 10; i++)
            printf("%d ", a[i]);
        return 0;
}
```

5. 求解 Fibonacci 数列的第 n 项。

【输入样例】

20

【输出样例】

6765

【程序代码】

```
#include <stdio.h >
int main(void)
{
    int f1 = 1, f2 = 1, fn;
    int i, n;
    scanf("%d", 【_____】);
    for(i = 3; 【_____】 ; i++)
    {
        fn = f1 + f2;
        【_____】 ;
        f2 = fn;
    }
    printf("%d", fn);
    return 0;
}
```

6. 输入一个正整数 n(n<=10)，对一个数组的前 n 项数据进行从小到大选择排序，其他数据不变。

【输入样例】

6

【输出样例】

1 2 3 7 8 10

【程序代码】

```
#include <stdio.h >
int main()
{
    int a[10] = {3,1,2,10,7,8,9,6,5,4};
    int n, i, j, k, t;
    scanf("%d", &n);
    【_____】 ;
    while(i < n-1)
    {
```

```
            k = i;
            j = i+1;
            while(j < n)
            {
                if(a[j] < a[k])
                【_____】 ;
                j++;
            }
            if(k != i)
            {
                t = a[k];
                【_____】;
                a[i] = t;
            }
            i++;
        }
        for(i = 0; i < n-1; i++)
            printf("%d ", a[i]);
        printf("%d\n", a[i]);
        return 0;
}
```

7. 输入不超过 9 的正整数 a，以及正整数 n(2<=n<=8)，要求编写程序求 a+aa+aaa+…+aa…a(n 个 a)之值。

【输入样例】

3   6

【输出样例】

370368

【程序代码】

```
#include <stdio.h >
int main()
{
    int a, n, i;
    int s = 0, t;
    【_____】 ;
    t = 0 ;
    for(【_____】)
    {
        t = t * 10 + a;
        s=【_____】 ;
    }
    printf("%d\n", s);
    return 0;
}
```

8. 输入 N 个整数，要求输出从小到大排序后的结果。

【输入样例】

4 981 10 −17 0 −20 29 50 8 43

【输出样例】

−20 −17 0 4 8 10 29 43 50 981

【程序代码】

```
#include <stdio.h >
```

```
#define N 10
int main()
{
    int b[N];
    int i,n,x,j,k,t;
    for( i=0; i< N; i++ ) scanf("%d",&b[i]);
    for(i=0; i< N-1; i++)
    {
        for(【_____】; j >i; j--)
        {
            if(【_____】)
            {
                t=b[j];
                b[j]=b[j-1];
                b[j-1]=t;
            }
        }
    }
    for(【_____】)
    {
        printf("%d ",b[i]);
    }
    return 0;
}
```

9. 输入若干个整数，计算并输出其中所有正数的和。输入 0 时表示输入数据结束。

【输入样例】

-3 5 7 -1 3 8 -9 26 0

【输出样例】

49

【程序代码】

```
#include <stdio.h >
int main(void)
{
    int i, n, x, sum;
    sum = 【_____】 ;
    do
    {
        scanf("%d", &x);
        if(x > 0)
        {
            【_____】 ;
        }
    }
    while(【_____】);
        printf("%d", sum);
    return 0;
}
```

10. 输入整数 n，输出 n 的位数。

【输入样例】

-1573

【输出样例】

4

【程序代码】

```c
#include <stdio.h >
int main()
{
    int n,m,k;
    【_____】;
    m=n;
    k=【_____】;
    while(m!=0)
    {
        k++;
        【_____】;
    }
    printf("%d\n",k);
    return 0;
}
```

11. 输入一个正整数 n(n<=10)，对一个数组的前 n 项数据进行从大到小选择排序，其他数据不变。输出排好序的前 n 个数。

【输入样例】

6

【输出样例】

10 8 7 3 2 1

【程序代码】

```c
#include <stdio.h >
int main()
{
    int a[10] = {3,1,2,10,7,8,9,6,5,4};
    int n, i, j, k, t;
    scanf("%d", &n);
    for(【_____】)
    {
        k = i;
        for(j=i+1;j < n;j++)
        {
            if(【_____】)
            k = j;
        }
        if(k != i)
        {
            t = a[k];
            a[k] = a[i];
            【_____】 ;
        }
    }
    for(i = 0; i < n-1; i++)
        printf("%d ", a[i]);
    printf("%d\n", a[i]);
    return 0;
}
```

12. 输入若干学生成绩，以负数结束输入，计算所有学生的平均成绩并统计成绩在 80 到 90 分（不含 90）之间的人数。

【输入样例】

58 89 80 55 −5

【输出样例】

ave=70. 50, n=2

【程序代码】

```c
#include <stdio.h >
int main(void)
{
    int i, n = 0, m, cnt = 0;
    【_____】 ave = 0;
    while(1)
    {
        scanf(【_____】);
        if(m < 0) break;
        ave += m;
        n++;
        if(【_____】)
        {
            cnt += 1;
        }
    }
    printf("ave=%.2f,n=%d", ave / n, cnt);
    return 0;
}
```

13. 输入若干个整数，计算并输出其中所有正数的和。输入 0 时表示输入数据结束。

【输入样例】

−3 5 7 −1 3 8 −9 26 0

【输出样例】

49

【程序代码】

```c
#include <stdio.h >
int main(void)
{
    int i, n, x, sum;
    sum = 【_____】 ;
    do
    {
        scanf("%d", &x);
        if(x > 0)
        {
            【_____】 ;
        }
    }
    while(【_____】);
    printf("%d", sum);
    return 0;
}
```

14. 有 12 个已经排好序的整数存放在一个数组中，输入 1 个整数，要求用二分查找法找出该数是数组中第几个元素的值。

【输入样例】

72

【输出样例】

3

【程序代码】

```c
#include <stdio.h >
int main(void)
{
    int N = 12, val, left, right, mid,index=-1;
    int a[12] = {97,78,72,71,67,66,63,56,43,8,7,3};
    left = 0;
    right = N - 1;
    scanf("%d", &val);
    while(【_____】)
    {
        mid = (left + right) / 2;
        if(val == a[mid])
        {
            【_____】;
            break;
        }
        else
        {
            if(【_____】) right = mid - 1;
            else left = mid + 1;
        }
    }
    if(index==-1) printf("not found\n");
    else printf("%d\n", index + 1);
    return 0;
}
```

15. 输入 10 个整数，将这 10 个数从大到小排序后输出。

【输入样例】

23 67 17 56 63 97 43 38 72 78

【输出样例】

97 78 72 67 63 56 43 38 23 17

【程序代码】

```c
#include <stdio.h >
int main()
{
    int a[10], i, j, m, t;
    for(i = 0; i < 10; i++)
        scanf("%d", &a[i]);
    for(i = 0; i < 9; i++)
    {
        m =【_____】;
        for(j = i + 1; j < 10; j++)
            if(【_____】)
                m = j;
        if(【_____】)
        {
            t = a[i];
```

```
                a[i] = a[m];
                a[m] = t;
        }
    }
    for(i = 0; i < 10; i++)
        printf("%d ", a[i]);
    return 0;
}
```

16. 输入一个正整数，判断该数是否为素数。所谓素数是指只能被 1 和本身整除的正整数。

【输入样例】

49

【输出样例】

No

【程序代码】

```
#include <stdio.h >
#include <math.h >
int main(void)
{
    int m, i, k, flag = 1;
    【_____】 ;
    k = sqrt(m);
    for(i = 2; i <= k; 【_____】)
    {
        if(【_____】)
        {
            flag = 0;
            break;
        }
    }
    if(flag && m != 1)
        printf("Yes");
    else
        printf("No");
    return 0;
}
```

17. 输入一个正整数 n(0<n<=10)，对一个数组的前 n 项数据进行从小到大冒泡排序，其他数据不变，输出排好序的前 n 个数。

【输入样例】

6

【输出样例】

1 2 3 7 8 10

【程序代码】

```
#include <stdio.h >
int main()
{
    int a[10] = {10, 3, 2, 7, 8, 1, 9, 6, 5, 4};
    int n, i, j, t;
    scanf("%d", &n);
    for(i = n - 1; 【_____】 ; i--)
    {
```

```
                for(j = 0; j < i; j++)
                {
                        if(【_____】)
                        {
                                t = a[j];
                                a[j] = a[j + 1];
                                【_____】 ;
                        }
                }
        for(i = 0; i < n - 1; i++)
                printf("%d ", a[i]);
        printf("%d\n", a[i]);
        return 0;
}
```

18. 先输入 n 的值(正整数)，再输入 n 个三位正整数，统计其中水仙花数的个数。三位
水仙花数，即其个位、十位、百位数字的立方和等于该数本身。

【输入样例】

10 153 407 208 153 370 107 371 704 173 407

【输出样例】

6

【程序代码】

```
#include <stdio.h >
int main(void)
{
        int i, n, x, cnt, a, b, c;
        scanf("%d", &n);
        cnt = 0;
        for(【_____】)
        {
                scanf("%d", &x);
                a = x / 100 % 10;
                b = x / 10 % 10;
                【_____】 ;
                if(a * a * a + b * b * b + c * c * c == x)
                {
                        【_____】 ;
                }
        }
        printf("%d", cnt);
        return 0;
}
```

19. 输入一个正整数 n(n<=10)，对一个数组的前 n 项数据进行从大到小选择排序，其他
数据不变，输出排好序的前 n 个数。

【输入样例】

6

【输出样例】

10 8 7 3 2 1

【程序代码】

```
#include <stdio.h >
```

```
int main()
{
    int a[10] = {3,1,2,10,7,8,9,6,5,4};
    int n, i, j, k, t;
    scanf("%d", &n);
    for(【_____】)
    {
        k = i;
        for(j=i+1;j < n;j++)
        {
            if(【_____】)
                k = j;
        }
        if(k != i)
        {
            t = a[k];
            a[k] = a[i];
            【_____】 ;
        }
    }
    for(i = 0; i < n-1; i++)
        printf("%d ", a[i]);
    printf("%d\n", a[i]);
    return 0;
}
```

20. 先输入 n 的值（正整数），再输入 n 个学生成绩，求其中的最高分。

【输入样例】

5 78 62 97 89 84

【输出样例】

max=97

【程序代码】

```
#include <stdio.h >
int main(void)
{
    int i, n, x, max;
    scanf("%d%d", &n, &x);
    【_____】 ;
    for(i = 1; i < n; i++)
    {
        【_____】 ;
        if(x > max)
        {
            【_____】;
        }
    }
    printf("max=%d", max);
    return 0;
}
```

21. 输入 8 个整数，将这 8 个数从小到大排序后输出。

【输入样例】

23 67 17 56 63 97 43 38

【输出样例】

17 23 38 43 56 63 67 97

【程序代码】

```c
#include <stdio.h >
#define N 8
int main(void)
{
    int a[ N ], i, j, t;
    for(i = 0; i < N; i++)
        scanf("%d", &a[ i ]);
    for(i = 0; 【_____】; i++)
        for(j = 0; j < N - 1 - i; j++)
            if(【_____】)
            {
                t = a[ j ];
                【_____】 ;
                a[ j + 1 ] = t;
            }
    for(i = 0; i < N; i++)
        printf("%d ", a[ i ]);
    return 0;
}
```

22. 输入 m、n（要求输入的数均大于 0），输出它们的最大公约数。

【输入样例】

48 32

【输出样例】

16

【程序代码】

```c
#include <stdio.h >
int main()
{
    int m, n, k;
    scanf(【_____】);
    k = m;
    while(m % k != 0 【_____】 n % k != 0)
    {
        【_____】;
    }
    printf("%d\n", k);
    return 0;
}
```

23. 输入一个正整数 n，计算序列 2/1+3/2+5/3+8/5+…的前 n 项之和，该序列从第 2 项起，每一项的分子是前一项分子与分母的和，分母是前一项的分子。

【输入样例】

20

【输出样例】

32.66

【程序代码】

```c
#include <stdio.h >
```

```
int main(void)
{
    int i, n, a, b, t;
    【_____】 res = 0;
    scanf("%d", &n);
    a = 2;
    b = 1;
    for(i = 1; i <= n; i++)
    {
        res = 【_____】;
        t = a;
        a = a + b;
        【_____】 ;
    }
    printf("%.2f", res);
    return 0;
}
```

24. 输入 1 个正整数 n，计算并输出下列表达式 s 的前 n 项的和。s=1−1/2+1/3−1/4+1/5−1/6+……

【输入样例】

999

【输出样例】

0.693647

【程序代码】

```
#include <stdio.h >
int main(void)
{
【_____】
s=0,f=1;
int n, i=1;
    scanf("%d", &n);
    while( 【_____】 )
    {
        s+=f/i++;
        【_____】 ;
    }
    printf("%f",s);
    return 0;
}
```

25. 输入学生人数 n，以及 n 位学生的成绩，计算学生们的平均成绩，并统计及格（成绩不低于 60 分）的人数。输出平均成绩和及格人数，其中平均值精确到小数点后一位。

【输入样例】

5

77 54 92 73 60

【输出样例】

average=71.2，count=4

【程序代码】

```
#include <stdio.h >
int main(void)
```

```
{
    int i, n, m, cnt = 0;
    double ave = 0;
    scanf("%d", &n);
    for(【_____】)
    {
        scanf("%d", &m);
        ave += m;
        if(m >= 60)
        {
            【_____】;
        }
    }
    printf("average=%.1f,count=%d", 【_____】);
    return 0;
}
```

模拟试卷十八参考答案

一、程序填空题（共 25 题）

1. 程序运行时，输入 10 个数，分别输出其中的最大值和最小值。

（1）【 i<=10 】 （2）【 i==1 】 （3）【 x<min 】

2. 有 15 个已经排好序的整数存放在一个数组中，输入 1 个整数，要求用二分查找法找出该数是数组中第几个元素的值。

（1）【 bott=14 】 （2）【 number==a[mid] 】 （3）【 top=mid+1 】

3. 读入若干个整数，以 0 为结束，计算这些数的平均值，保留两位小数。

（1）【 v!=0 】 （2）【 k++ 】 （3）【 ave/k 】

4. 输入 10 个整数，将这 10 个数从大到小排序后输出。

（1）【 i 】 （2）【 a[m]<a[j] 】 （3）【 m!=i 或 a[m]!=a[i] 】

5. 求解 Fibonacci 数列的第 n 项。

（1）【 &n 】 （2）【 i<=n 】 （3）【 f1=f2 】

6. 输入一个正整数 n(n<=10)，对一个数组的前 n 项数据进行从小到大选择排序，其他数据不变。

（1）【 i=0 】 （2）【 k=j 】 （3）【 a[k]=a[i] 】

7. 输入不超过 9 的正整数 a，以及正整数 n(2<=n<=8)，要求编写程序求 a+aa+aaa+…+aa…a(n 个 a)之值。

（1）【 scanf("%d%d",&a,&n) 】 （2）【 i=0;i<n;i++ 】 （3）【 s+t 】

8. 输入 N 个整数，要求输出从小到大排序后的结果。

（1）【 j=N-1 】 （2）【 b[j]<b[j-1] 】 （3）【 i=0; i< N; i++ 】

9. 输入若干个整数，计算并输出其中所有正数的和。输入 0 时表示输入数据结束。

（1）【 0 】 （2）【 sum+=x 】 （3）【 x!=0 】

10. 输入整数 n，输出 n 的位数。

（1）【 scanf("%d",&n) 】 （2）【 0 】 （3）【 m/=10 】

11. 输入一个正整数 n(n<=10)，对一个数组的前 n 项数据进行从大到小选择排序，其他

数据不变。输出排好序的前 n 个数。

（1）【 i=0;i<n;i++ 】 （2）【 a[k]<a[j] 】 （3）【 a[i]=t 】

12. 输入若干学生成绩，以负数结束输入，计算所有学生的平均成绩并统计成绩在 80 到 90 分（不含 90）之间的人数。

（1）【 float 】 （2）【 "%d",&m 】 （3）【 m>=80&&m<90 】

13. 输入若干个整数，计算并输出其中所有正数的和。输入 0 时表示输入数据结束。

（1）【 0 】 （2）【 sum+=x 】 （3）【 x!=0 】

14. 有 12 个已经排好序的整数存放在一个数组中，输入 1 个整数，要求用二分查找法找出该数是数组中第几个元素的值。

（1）【 left<=right 】 （2）【 index=mid 】 （3）【 val>a[mid] 】

15. 输入 10 个整数，将这 10 个数从大到小排序后输出。

（1）【 i 】 （2）【 a[m]<a[j] 】 （3）【 m!=I 】

16. 输入一个正整数，判断该数是否为素数。所谓素数是指只能被 1 和本身整除的正整数。

（1）【 scanf("%d",&m) 】 （2）【 i++ 】 （3）【 m%i==0 】

17. 输入一个正整数 n(0<n<=10)，对一个数组的前 n 项数据进行从小到大冒泡排序，其他数据不变。输出排好序的前 n 个数。

（1）【 i>=0 】 （2）【 a[j]>a[j+1] 】 （3）【 a[j+1]=t 】

18. 先输入 n 的值（正整数），再输入 n 个三位正整数，统计其中水仙花数的个数。三位水仙花数，即其个位、十位、百位数字的立方和等于该数本身。

（1）【 i=0;i<n;i++ 】 （2）【 c=x%10 】 （3）【 cnt++ 】

19. 输入一个正整数 n(n<=10)，对一个数组的前 n 项数据进行从大到小选择排序，其他数据不变。输出排好序的前 n 个数。

（1）【 i=0;i<n;i++ 】 （2）【 a[k]<a[j] 】 （3）【 a[i]=t 】

20. 先输入 n 的值(正整数)，再输入 n 个学生成绩，求其中的最高分。

（1）【 max=x 】 （2）【 scanf("%d",&x) 】 （3）【 max=x 】

21. 输入 8 个整数，将这 8 个数从小到大排序后输出。

（1）【 i<N 】 （2）【 a[j]>a[j+1] 】 （3）【 a[j]=a[j+1] 】

22. 输入 m、n (要求输入的数均大于 0)，输出它们的最大公约数。

（1）【 "%d%d",&m,&n 】 （2）【 || 】 （3）【 k-- 】

23. 输入一个正整数 n，计算序列 2/1+3/2+5/3+8/5+…的前 n 项之和。该序列从第 2 项起，每一项的分子是前一项分子与分母的和，分母是前一项的分子。

（1）【 float 】 （2）【 res+a*1.0/b 】 （3）【 b=t 】

24. 输入 1 个正整数 n，计算并输出下列表达式 s 的前 n 项的和。s=1-1/2+1/3-1/4+1/5-1/6+……

（1）【 float 】 （2）【 i<=n 】 （3）【 f*=(-1) 】

25. 输入学生人数 n，以及 n 位学生的成绩，计算学生们的平均成绩，并统计及格（成绩不低于 60 分）的人数。输出平均成绩和及格人数，其中平均值精确到小数点后一位。

（1）【 i=0; i<n; i++ 】 （2）【 cnt++ 】 （3）【 ave/n,cnt 】

模拟试卷十九

一、函数设计题（共 20 题）

请自行启动开发环境，对题中指定的文件进行操作。

1. 输入一个正整数 n，输出该数的位数。

【输入格式】

一个正整数，为 n 的值。

【输出格式】

一个正整数，为 n 的位数。

【输入样例】

1234

【输出样例】

4

【函数定义要求】

请在该程序文件中，实现函数 int fnum(int n)，在函数中求出正整数 n 的位数，并作为函数的返回值。

```c
#include <stdio.h>
int fnum(int n);
int main(void)
{
    int n;
    scanf("%d",&n);
    int dg;
    dg=fnum(n);
    printf("%d",dg);
    return 0;
}
/*考生在以下空白处定义函数*/




/*考生在以上空白处定义函数*/
```

2. 输入一个字符串，将字符串逆序输出。

【输入格式】

在一行中输入不超过 80 个字符长度、以回车结束的非空字符串。

【输出格式】

在一行中输出逆序后的字符串。

【输入样例】

Hello World

【输出样例】

dlroW olleH

【函数定义要求】

请在该程序文件中，实现函数 void frev(char str[])，将字符数组 str 中的元素头尾交换，逆序存放。

```
#include <stdio.h>
#include<string.h>
void frev(char str[]);
int main(void)
{
    char str[80];
    gets(str);
    frev(str);
    puts(str);
    return 0;
}
/*考生在以下空白处定义函数*/




/*考生在以上空白处定义函数*/
```

3. 输入正整数 n(n>100)，在[n，999]范围内寻找最小水仙花数。水仙花数是指一个三位数，恰好等于其各位上数字的立方和。

【输入格式】

一个三位正整数 n。

【输出格式】

指定范围内最小水仙花数，如果没有则输出 0。

【输入样例】

100

【输出样例】

153

【函数定义要求】

请在该程序文件中，定义函数 int fnar(int n)，该函数在[n，999]范围之间找出一个最小的三位水仙花数，并作为函数的返回值。如果找不到，则返回 0。

```
#include <stdio.h>
int fnar(int n);
```

```
int main(void)
{
    int n;
    scanf("%d",&n);
    printf("%d",fnar(n));
    return 0;
}
/*考生在以下空白处定义函数*/
```

/*考生在以上空白处定义函数*/

4. 输入一个字符串，统计字符串中数字字符及英文字母总个数并输出。数字字符包括 0～9 十个字符，英文字母包括大写和小写英文字母。

【输入格式】

在一行中输入不超过 80 个字符长度、以回车结束的非空字符串。

【输出格式】

在一行中输出字符串中数字字符及英文字母的总个数。

【输入样例】

Abc123!@#

【输出样例】

6

【函数定义要求】

请在该程序文件中，实现函数 int fcount(char str[])，统计字符串 str 中数字字符及英文字母的总个数，并作为函数的返回结果。

```
#include <stdio.h>
int fcount(char str[]);
int main(void)
{
    char str[80];
    gets(str);
    printf("%d",fcount(str));
    return 0;
}
/*考生在以下空白处定义函数*/
```

/*考生在以上空白处定义函数*/

5. 输入一个字符串，统计字符串中指定字符出现次数并输出。

【输入格式】

在第一行中输入不超过 80 个字符长度的、以回车结束的非空字符串；在第二行中输入 1 个指定字符。

【输出格式】

在一行中输出字符串中指定字符的出现次数。

【输入样例】

Hello World!

I

【输出样例】

3

【函数定义要求】

请在该程序文件中，实现函数 int fcount(char str[], char s)，统计字符串 str 中字符 s 的出现次数，并作为函数的返回结果。

```c
#include <stdio.h>
int fcount(char str[],char s);
int main(void)
{
    char str[80],s;
    gets(str);
    s=getchar();
    printf("%d",fcount(str,s));
    return 0;
}
/*考生在以下空白处定义函数*/
```

/*考生在以上空白处定义函数*/

6. 输入 n 个整数，求其中最大值，n 为大于等于 1 的整数。

【输入格式】

第 1 行包含一个正整数 n(n<100)；第 2 行包含 n 个整数，其间以空格分隔。

【输出格式】

包含一个整数，为 n 个整数中的最大值。

【输入样例】

5

1 100 2 −3 50

【输出样例】

100

【函数定义要求】

请在该程序文件中，定义一个函数 int fmax(int n)，在函数中，输入 n 个整数，返回其中的最大值。

```
#include <stdio.h>
int fmax(int n);
int main(void)
{
    int n;
    scanf("%d",&n);
    int max;
    max=fmax(n);
    printf("%d",max);
    return 0;
}
/*考生在以下空白处定义函数*/




/*考生在以上空白处定义函数*/
```

7. 输入一个字符串，统计字符串中非英文字母的字符个数并输出。英文字母包括大写和小写英文字母。

【输入格式】

在一行中输入不超过 80 个字符长度的、以回车结束的非空字符串。

【输出格式】

在一行中输出字符串中非英文字母的字符个数。

【输入样例】

Hello World!

【输出样例】

2

【函数定义要求】

请在该程序文件中，实现函数 int fnlet (char str[])，统计字符串 str 中非英文字母的字符个数，并作为函数的返回结果。

```
#include <stdio.h>
int fnlet(char str[]);
int main(void)
{
    char str[80];
    gets(str);
    printf("%d",fnlet(str));
    return 0;
}
/*考生在以下空白处定义函数*/
```

/*考生在以上空白处定义函数*/

8. 输入一个正整数 n(n<16)，输出 1 到 n 的阶乘和，即表达式 1!+2!+3!+…+n!的值。

【输入格式】

一个正整数 n 的值

【输出格式】

一个正整数,为所求的阶乘和

【输入样例】

5

【输出样例】

153

【函数定义要求】

请在该程序文件中，定义一个函数 double fsum (int n)，函数的返回值为 1 到 n 的阶乘和。

```
#include <stdio.h>
double fsum(int n);
int main(void)
{
    int n;
    scanf("%d",&n);
    double s;
    s=fsum(n);
    printf("%.0f",s);
    return 0;
}
/*考生在以下空白处定义函数*/
```

```
```

/*考生在以上空白处定义函数*/

9. 输入一个字符串，将字符串中的小写字母按规则进行替换后输出。替换规则为：a->z，b->y，c->x，···x->c，y->b，z->a。

【输入格式】

在一行中输入不超过 80 个字符长度的、以回车结束的非空字符串。

【输出格式】

在一行中输出转换完成后的字符串。

【输入样例】

ABC123xyz

【输出样例】

ABC123cba

【函数定义要求】

请在该程序文件中，实现函数 void ftran(char str[])，将字符串 str 中的小写字母按照规则进行替换，替换规则为：a->z，b->y，c->x，...x->c，y->b，z->a。

```c
#include <stdio.h>
void ftran(char str[]);
int main(void)
{
    char str[80];
    gets(str);
    ftran(str);
    puts(str);
    return 0;
}
/*考生在以下空白处定义函数*/
```

/*考生在以上空白处定义函数*/

10. 输入两个正整数，求它们的最大公约数并输出。最大公约数是指 m 和 n 的共有约数中最大的一个。

【输入格式】

输入两个正整数 m 和 n。

【输出格式】

输出 m 和 n 的最大公约数。

【输入样例】

12 16

【输出样例】

4

【函数定义要求】

请在该程序文件中，实现函数 int fgcd(int m, int n)，找出 m 和 n 的最大公约数，并作为函数的返回结果。m 和 n 均为正整数。

```
#include <stdio.h>
int fgcd(int m,int n);
int main(void)
{
    int m,n;
    scanf("%d%d",&m,&n);
    printf("%d",fgcd(m,n));
    return 0;
}
/*考生在以下空白处定义函数*/




/*考生在以上空白处定义函数*/
```

11. 输入一个字符串，用指定字符替换字符串中的非数字字符并输出。

【输入格式】

在第一行中输入不超过 80 个字符长度的、以回车结束的非空字符串；在第二行中输入 1 个指定字符。

【输出格式】

在一行中输出替换完成后的字符串。

【输入样例】

Ab123!@# *

【输出样例】

123*

【函数定义要求】

请在该程序文件中，实现函数 void frep(char str[], chars)，将字符串 str 中的非数字字符替换为字符 s。

```
#include <stdio.h>
```

```
void frep(char str[],char s);
int main(void)
{
    char str[80],s;
    gets(str);
    s=getchar();
    frep(str,s);
    puts(str);
    return 0;
}
/*考生在以下空白处定义函数*/
```

/*考生在以上空白处定义函数*/

12. 输入 n 个整数，求其中最小值，n 为大于等于 1 的整数。

【输入格式】

第 1 行包含一个正整数 n(n<100)；第 2 行包含 n 个整数，其间以空格分隔。

【输出格式】

包含一个整数，为 n 个整数中的最小值。

【输入样例】

5

1 100 2 −3 50

【输出样例】

−3

【函数定义要求】

请在该程序文件中，实现函数 int fmin(int n)，在函数中，输入 n 个整数，返回其中的最小值。

```
#include <stdio.h>
int fmin(int n);
int main(void)
{
    int n;
    scanf("%d",&n);
    int m;
    m=fmin(n);
    printf("%d",m);
    return 0;
}

/*考生在以下空白处定义函数*/
```

/*考生在以上空白处定义函数*/

13. 输入一个字符串，统计字符串中十六进制字符个数并输出。十六进制字符包括 0~9，A~F，a~f。

【输入格式】

在一行中输入不超过 80 个字符长度的、以回车结束的非空字符串。

【输出格式】

在一行中输出字符串中十六进制字符的个数。

【输入样例】

Hello123!@#

【输出样例】

4

【函数定义要求】

请在该程序文件中，实现函数 int fhex (char str[])，统计字符串 str 中十六进制字符的个数，并作为函数的返回结果。

```
#include <stdio.h>
int fhex(char str[]);
int main(void)
{
    char str[80];
    gets(str);
    printf("%d",fhex(str));
    return 0;
}
/*考生在以下空白处定义函数*/
```

/*考生在以上空白处定义函数*/

14. 判断一个正整数 n 是否为完数。完数是指一个数恰好等于除自身外的所有因子之和。

【输入格式】

一个正整数，为 n 的值。

【输出格式】

如果 n 是完数，输出 1；否则输出 0。

【输入样例】

6

【输出样例】

1

【函数定义要求】

请在该程序文件中，定义函数 int Pnum(int n)，在函数中判断 n 是否为完数，如果是则函数返回 1；否则返回 0。

```
#include <stdio.h>
int Pnum(int n);
int main(void)
{
    int n;
    scanf("%d",&n);
    printf("%d",Pnum(n));
    return 0;
}
/*考生在以下空白处定义函数*/




/*考生在以上空白处定义函数*/
```

15. 输入一个字符串，判断字符串是否为回文。

【输入格式】

在一行中输入不超过 80 个字符长度的、以回车结束的非空字符串。

【输出格式】

如果字符串是回文，输出 1；如果不是回文，输出 0

【输入样例 1】

helloolleh

【输出样例 1】

1

【输入样例 2】

abc

【输出样例 2】

0

【函数定义要求】

请在该程序文件中，实现函数 int fpal(char str[])，判断字符串是否为回文，如果是回文，函数返回结果为 1；否则返回 0。

```c
#include <stdio.h>
#include<string.h>
int fpal(char str[]);
int main(void)
{
    char str[80];
    gets(str);
    printf("%d",fpal(str));
    return 0;
}
/*考生在以下空白处定义函数*/
```

/*考生在以上空白处定义函数*/

16. 输入 n 个整数，求其中最大值，n 为大于等于 1 的整数。

【输入格式】

第 1 行包含一个正整数 n(n<100)；第 2 行包含 n 个整数，其间以空格分隔。

【输出格式】

包含一个整数，为 n 个整数中的最大值。

【输入样例】

5

1 100 2 −3 50

【输出样例】

100

【函数定义要求】

请在该程序文件中，定义一个函数 int fmax(int n) 在函数中，输入 n 个整数，返回其中的最大值。

```c
#include <stdio.h>
int fmax(int n);
int main(void)
{
    int n;
    scanf("%d",&n);
    int max;
    max=fmax(n);
    printf("%d",max);
    return 0;
}
/*考生在以下空白处定义函数*/
```

/*考生在以上空白处定义函数*/

17. 输入一个字符串，统计字符串中大写辅音字母个数并输出。大写辅音字母是除 A、E、I、O、U 以外的大写字母。

【输入格式】

在一行中输入不超过 80 个字符长度的、以回车结束的非空字符串。

【输出格式】

在一行中输出字符串中大写辅音字母的个数。

【输入样例】

Hello World!

【输出样例】

2

【函数定义要求】

请在该程序文件中，实现函数 int fcap(char str[])，统计字符串 str 中大写辅音字母的个数，并作为函数返回结果。

```
#include <stdio.h>
int fcap(char str[]);
int main(void)
{
    char str[80];
    gets(str);
    printf("%d",fcap(str));
    return 0;
}
/*考生在以下空白处定义函数*/
```

/*考生在以上空白处定义函数*/

18. 输入一个字符串，将字符串大小写互相转换后输出。

【输入格式】

在一行中输入不超过 80 个字符长度的、以回车结束的非空字符串。

【输出格式】

在一行中输出转换完成后的字符串。

【输入样例】

Hello World!

【输出样例】

hELLO wORLD!

【函数定义要求】

请在该程序文件中，实现函数 void ftog (char str[]))，将字符串 str 中的大写字母转换成对应的小写字母，小写字母转换成对应的大写字母，其余字母不变。

```c
#include <stdio.h>
void ftog(char str[]);
int main(void)
{
    char str[80];
    gets(str);
    ftog(str);
    puts(str);
    return 0;
}
/*考生在以下空白处定义函数*/




/*考生在以上空白处定义函数*/
```

19. 输入 n 个整数，求出它们的平均值并输出。

【输入格式】

第 1 行包含一个正整数 n(n<100)；第 2 行包含 n 个整数，其间以空格分隔。

【输出格式】

n 个整数的平均值，结果保留两位小数。

【输入样例】

5

2 3 6 7 9

【输出样例】

5.40

【函数定义要求】

请在该程序文件中定义函数 double fave (int n)，在函数中输入 n 个整数，函数的返回值为 n 个整数的平均值。

```
#include <stdio.h>
double fave(int n);
int main(void)
{
    int n;
    scanf("%d",&n);
    double a;
    a=fave(n);
    printf("%.2f",a);
    return 0;
}
/*考生在以下空白处定义函数*/
```

/*考生在以上空白处定义函数*/

20. 输入一个正整数 n(n<100)，计算并输出 1 到 n 的立方和（即表达式 $1+2^3+3^3+\cdots+n^3$ 的值）。

【输入格式】

一个正整数 n 的值

【输出格式】

一个整数，为 1 到 n 的立方和

【输入样例】

3

【输出样例】

36

【函数定义要求】

请在该程序文件中，定义一个函数 double fsum(int n)，函数的返回值为 1 到 n 的立方和。

```
#include <stdio.h>
double fsum(int n);
int main(void)
{
    int n;
    scanf("%d",&n);
    double s;
    s=fsum(n);
    printf("%.0f",s);
    return 0;
```

```
}
/*考生在以下空白处定义函数*/
```



```
/*考生在以上空白处定义函数*/
```

模拟试卷十九参考答案

一、函数设计题答案（共 20 题）

1.【参考程序】

```
/*考生在以下空白处定义函数*/
int fnum (int n)
{
    int k=0;
    while(n!=0)
    {   n/=10;
        k++;  }
    return k;
}
或者:
int fnum (int n)
{
    int i;
    for(i=0; ;i++)
        if(n!=0) n/=10;
        else break;
    return i;
}
/*考生在以上空白处定义函数*/
```

2.【参考程序】

```
/*考生在以下空白处定义函数*/
void frev(char str[ ])
{
    int n=strlen(str)-1;
    char c;
    for (int i = 0; i <= n / 2; i++)
    {
        c = str[i];
        str[i] = str[n - i];
        str[n - i] = c;
    }
}
/*考生在以上空白处定义函数*/
```

3.【参考程序】

```
/*考生在以下空白处定义函数*/
int fnar (int n)
{
    int i,a,b,c;
    for(i=n;i<=999;i++)
    {
        a=i/100;
        b=i/10%10;
        c=i%10;
        if(a*a*a+b*b*b+c*c*c==i)
            return i;
    }
    return 0;
}
/*考生在以上空白处定义函数*/
```

4.【参考程序】

```
/*考生在以下空白处定义函数*/
int fcount(char str[ ])
{
    int i, x=0;
    for(i=0;str[i]!='\0';i++)
    {
        if(str[i]>='0'&&str[i]<='9'||str[i]>='a'&&str[i]<='z'||str[i]>=
'A'&&str[i]<='Z')
            x++;
    }
    return x;
}
/*考生在以上空白处定义函数*/
```

5.【参考程序】

```
/*考生在以下空白处定义函数*/
int fcount(char str[],char s)
{
    int i,x=0;
    for(i=0;str[i]!='\0';i++)
    {
        if(str[i]==s)
            x++;
    }
    return x;
}
/*考生在以上空白处定义函数*/
```

6.【参考程序】

```
/*考生在以下空白处定义函数*/
int fmax(int n)
{
    int i,j,max;
    scanf("%d",&j);
    max=j;
    for(i=1;i<n;i++)
    {
        scanf("%d",&j);
```

```
        if(j>max)  max=j;
    }
    return max;
}
/*考生在以上空白处定义函数*/
```

7.【参考程序】

```
/*考生在以下空白处定义函数*/
int fnlet(char str[ ])
{
    int i,x=0;
    for(i=0;str[i]!='\0';i++)
    {
        if(str[i]>='a'&&str[i]<='z'||str[i]>='A'&&str[i]<='Z')
            continue;
        else
            x++;
    }
    return x;
}
/*考生在以上空白处定义函数*/
```

8.【参考程序】

```
/*考生在以下空白处定义函数*/
double fsum(int n)
{
    int i,jc=1;
    float sum=0;
    for (i=1;i<=n;i++)
    {
        jc*=i;
        sum+=jc;
    }
    return sum;
}
/*考生在以上空白处定义函数*/
```

9.【参考程序】

```
/*考生在以下空白处定义函数*/
void ftran(char str[ ])
{
    int i;
    for(i=0;str[i]!='\0';i++)
    {
        if (str[i]>='a'&&str[i]<='z')
            str[i]='a'+'z'-str[i];
    }
}
/*考生在以上空白处定义函数*/
```

10.【参考程序】

```
/*考生在以下空白处定义函数*/
int fgcd(int m,int n)
{
    int k;
    k = m;
```

```
    while(m % k != 0 || n % k != 0)
        k--;
    return k;
}
/*考生在以上空白处定义函数*/
```

11.【参考程序】

```
/*考生在以下空白处定义函数*/
void frep(char str[ ],char s)
{
    int i=0;
    for(i=0;str[i]!='\0';i++)
    {
        if(str[i]<'0'||str[i]>'9')
            str[i]=s;
    }
}
/*考生在以上空白处定义函数*/
```

12.【参考程序】

```
/*考生在以下空白处定义函数*/
int fmin(int n)
{
    int i,j,min;
    scanf("%d",&j);
    min=j;
    for(i=1;i<n;i++)
    {
        scanf("%d",&j);
        if(j<min)  min=j;
    }
    return min;
}
/*考生在以上空白处定义函数*/
```

13.【参考程序】

```
/*考生在以下空白处定义函数*/
int fhex(char str[ ])
{
    int i=0,x=0;
    for(i=0;str[i]!='\0';i++)
    {
        if(str[i]>='0'&&str[i]<='9'||str[i]>='a'&&str[i]<='f'||  str[i]>=
'A'&&str[i]<='F')
            x++;
    }
    return x;
}
/*考生在以上空白处定义函数*/
```

14.【参考程序】

```
/*考生在以下空白处定义函数*/
int Pnum(int n)
{
    int m,sum=0;
    for (m = 1; m < n - 1; m = m + 1)
```

```
            if (n % m == 0)
                sum = sum + m;
        if (n == sum)
            return 1;
        else
            return 0;
}
/*考生在以上空白处定义函数*/
```

15.【参考程序】

```
/*考生在以下空白处定义函数*/
int fpal(char str[ ])
{
        int i=0,len=strlen(str);
        for(i=0;i<=len/2;i++)
        {
                if(str[i]!=str[len-i-1])
                        return 0;
        }
        return 1;
}
/*考生在以上空白处定义函数*/
```

16.【参考程序】

```
/*考生在以下空白处定义函数*/
int fmax(int n)
{
        int i,j,max;
        scanf("%d",&j);
        max=j;
        for(i=1;i<n;i++)
        {
                scanf("%d",&j);
                if(j>max)  max=j;
        }
        return max;
}
/*考生在以上空白处定义函数*/
```

17.【参考程序】

```
/*考生在以下空白处定义函数*/
int fcap(char str[ ])
{
        int i=0,x=0;
        for(i=0;str[i]!='\0';i++)
        {
                if(str[i]>='A'&&str[i]<='Z')
                {
                        if(str[i]!='A'&&str[i]!='E'&&str[i]!='I'&&str[i]!='O'&&str
[i]!='U')
                                x++;
                }
        }
        return x;
}
/*考生在以上空白处定义函数*/
```

18. 【参考程序】

```
/*考生在以下空白处定义函数*/
void ftog(char str[ ])
{
    int i=0;
    for(i=0;str[i]!='\0';i++)
    {
        if(str[i]>='a'&&str[i]<='z')  str[i]-=32;
        else if(str[i]>='A'&&str[i]<='Z')  str[i]+=32;
    }
}
/*考生在以上空白处定义函数*/
```

19. 【参考程序】

```
/*考生在以下空白处定义函数*/
double fave(int n)
{
    int i,j;
    double ave=0;
    scanf("%d",&j);
    ave=j;
    for(i=1;i<n;i++)
    {
        scanf("%d",&j);
        ave+=j;
    }
    ave/=n;
    return ave;
}
/*考生在以上空白处定义函数*/
```

20. 【参考程序】

```
/*考生在以下空白处定义函数*/
double fsum(int n)
{
    int i;
    double sum=0;
    for(i=1;i<=n;i++)
        sum+=i*i*i;
    return sum;
}
/*考生在以上空白处定义函数*/
```

模拟试卷二十

一、程序设计题（共 25 题）

1. 本程序的功能是：小陶家的桃子熟了，如果购买 10 斤及以上，价格为每斤 9 元；如果购买 10 斤以下，价格为每斤 10 元。根据桃子的购买重量，计算桃子的金额。

【输入格式】

一个整数，表示桃子的购买重量。

【输出格式】

一个整数，表示桃子的金额。

【输入样例】

11

【输出样例】

99

【输入样例】

9

【输出样例】

90

```
/*考生在以下空白处编写程序*/




/*考生在以上空白处编写程序*/
```

2. 本程序的功能是：输入 n 个的数据，这些数据已按从小到大顺序排列（1<n<=100），统计其中出现的不同数据的个数。例如，5 个整数 1 3 3 4 4 中有 3 个不同数据 1 3 4，因而不同数据的个数为 3。

【输入格式】

第一行包含 1 个整数，为 n 的值；第二行包含从小到大顺序排列的 n 个整数。

【输出格式】

一个整数，移除重复元素后的不同数据的个数。

【输入样例】

5

1 3 3 4 4

【输出样例】

3

```
/*考生在以下空白处编写程序*/




/*考生在以上空白处编写程序*/
```

3. 本程序的功能是：输入两个整数序列，要求计算并输出两个序列共有元素的和。

【输入格式】

第一行输入第 1 个整数序列，先给出正整数 n(<=20)，随后是 n 个整数；第二行输入第 2 个整 数序列，先给出正整数 m(<=20)，随后是 m 个整数。

【输出格式】

一个整数,表示两个序列共有元素的和。

【输入样例】

3 2 −7 9

4 8 −7 6 2

【输出样例】

−5

```
/*考生在以下空白处编写程序*/




/*考生在以上空白处编写程序*/
```

4. 本程序的功能是：有三个零件 A、B、C，大小形状相同，其中有一个不合格，它的特征是与其他两个的重量不同。现在给你一个天平，要求找出这个瑕疵品。请你编程实现：输入 3 个正整数，依次对应零件 A、B、C 的重量，输出那个瑕疵品零件。

【输入格式】

一行包含 3 个正整数，表示零件 A、B、C 的重量。

【输出格式】

一个字符，表示对应的瑕疵品零件。

【输入样例】

2 2 3

【输出样例】

C

/*考生在以下空白处编写程序*/

/*考生在以上空白处编写程序*/

5. 本程序的功能是：先输入 n 个整数，然后再输入一个整数 p。统计输出 n 个整数中相邻两数之和为 p 的组数。

【输入格式】

第一行包含 1 个整数，为 n 的值；第二行包含 n 个整数；第三行包含 1 个整数，为 p 的值。

【输出格式】

一个整数，表示相邻元素和为 p 的组合个数。

【输入样例】

6

6 3 2 4 5 4

9

【输出样例】

3

/*考生在以下空白处编写程序*/

/＊考生在以上空白处编写程序＊/

6. 本程序的功能是：给定 m 位学生 n 门课程的成绩（m<=20，n<=10），以及达标线。统计并输出各门课程的平均分在达标线以上的学生人数。

【输入格式】

第一行包含 2 个整数，表示学生数 m 和课程数 n；接下来有 m 行，每行包含 n 个正整数，表示 1 位学生的 n 门课程的成绩。最后一行包含一个整数，为达标线。

【输出格式】

一个整数，表示平均分在达标线以上的学生人数。

【输入样例】

3 4

72 85 76 91

67 62 68 99

78 71 89 82

75

【输出样例】

2

/＊考生在以下空白处编写程序＊/

/＊考生在以上空白处编写程序＊/

7. 本程序的功能是：一种肥胖判定方法为：体重（kg）/[身高(m)的平方]。如果超过 25，就表示胖；如果低于 19，就表示瘦；如果在[19,25]范围内，则为标准。

【输入格式】

2 个正实数，分别表示体重和身高。

【输出格式】

一个字符串，fat 表示胖，thin 表示瘦，good 表示标准。

【输入样例】

100.1 1.74

【输出样例】

fat

【输入样例】

65 1.70

【输出样例】

good

【输入样例】

50 1.70

【输出样例】

thin

/*考生在以下空白处编写程序*/

/*考生在以上空白处编写程序*/

8. 本程序的功能是：输入 n 个整数，找出其中的最大值，并统计输出其中最大值出现的次数。

【输入格式】

第一行包含 1 个整数，为 n 的值；第二行包含 n 个整数。

【输出格式】

一个整数，表示最大值出现的次数。

【输入样例】

5

5 2 5 4 5

【输出样例】

3

/*考生在以下空白处编写程序*/

/*考生在以上空白处编写程序*/

9. 本程序的功能是：输入同一年中的两个日期 day1 和 day2，输出其中较小的一个日期。

【输入格式】

第一行 2 个整数，分别表示第 1 个日期的日与月。

第二行 2 个整数，分别表示第 2 个日期的日与月。

【输出格式】

一行包含两个整数，表示较小一个日期的日与月，两个整数之间有一个空格。

【输入样例】

9 28

6 11

【输出样例】

6 11

/*考生在以下空白处编写程序*/

/*考生在以上空白处编写程序*/

10. 本程序的功能是：给定包含 n 个元素的正整数序列（n<20，序列元素均小于 1000）。统计并输出能被最小元素整除的元素的个数。

【输入格式】

第一行包含 1 个正整数，为 n 的值；第二行包含 n 个正整数。

【输出格式】

一个正整数，能被最小元素整除的元素的个数。

【输入样例】

5

3 24 19 5 6

【输出样例】

3

/*考生在以下空白处编写程序*/

/＊考生在以上空白处编写程序＊/

11. 本程序的功能是：某省电力公司执行"阶梯电价"，居民用户电价分为两个"阶梯"：月用电量 50 千瓦时（含 50 千瓦时）以内的，电价为 0.53 元/千瓦时；超过 50 千瓦时的，超出部分的用电量，电价上调 0.05 元/千瓦时。请编写程序计算电费。

【输入格式】

一个非负整数，表示月用电量。

【输出格式】

一个实数，保留两位小数，表示应支付的电费。

【输入样例】

10

【输出样例】

5.30

【输入样例】

60

【输出样例】

32.30

/＊考生在以下空白处编写程序＊/

/＊考生在以上空白处编写程序＊/

12. 本程序的功能是：输入 n 个整数，存入数组元素 a[0], a[1], … , a[n−1]。从 a[0] 到 a[n−1] 依次对元素进行变换，变换规则如下：下标是奇数的元素，变换为原值减去最后一个元素的差；下标是偶数的元素，变为原值加上 3。输出变换后所有元素的和。

【输入格式】

第一行包含 1 个整数，为 n 的值；第二行包含 n 个整数。

【输出格式】

一个整数，表示变换后所有元素的和。

【输入样例】

5

3 5 1 8 2

【输出样例】

24

/*考生在以下空白处编写程序*/

/*考生在以上空白处编写程序*/

13. 本程序的功能是：给定 m 行 n 列的整型数据构成的矩阵（m<=20，n<=10），计算并输出该矩阵最外围元素之和。

【输入格式】

第一行包含 2 个整数，为 m 和 n 的值；接下来有 m 行，每行包含 n 个整数。

【输出格式】

一个整数，表示该矩阵最外围元素之和。

【输入样例】

3 4

1 2 3 4

5 6 7 8

9 10 11 12

【输出样例】

65

/*考生在以下空白处编写程序*/

/＊考生在以上空白处编写程序＊/

14. 本程序的功能是：输入一个整数序列，以及基准，要求计算并输出该序列中基准以上的素数个数。素数又称质数，是指一个大于 1 的自然数，除了 1 和它自身外，不能被其他自然数整除的数。

【输入格式】

第一行先给出序列长度 n(n<=20)，随后是 n 个整数(>=2)；第二行包含一个整数，为基准。

【输出格式】

一个整数，表示输入的整数序列中基准以上的素数个数。

【输入样例】

4 2 3 4 7

5

【输出样例】

1

/＊考生在以下空白处编写程序＊/

/＊考生在以上空白处编写程序＊/

15. 本程序的功能是：为鼓励居民节约用水，自来水公司采取按用水量阶梯式计价的办法，居民应交水费 y(元)与月用水量 x(吨)相关：当 x 不超过 15 吨时，$y=4x/3$；超过 15 吨后，$y=2.5x-17.5$，请编写程序实现水费的计算。

【输入格式】

一个非负整数，表示用水量。

【输出格式】

一个实数，保留两位小数，表示水费。

【输入样例】

12

【输出样例】

16.00

【输入样例】

18

【输出样例】

27.50

/*考生在以下空白处编写程序*/

/*考生在以上空白处编写程序*/

16. 本程序的功能是：给定 n 位学生 m 门课程的成绩（n<20，m<10），以及分数线。统计并输出总分在分数线以上的学生人数。

【输入格式】

第一行包含 2 个整数，表示学生数 n 和课程数 m；接下来有 n 行，每行包含 m 个正整数，表示 1 位学生的 m 门课程的成绩。最后一行包含一个整数，表示分数线。

【输出格式】

一个整数，表示总分在分数线以上的人数。

【输入样例】

3 4

72 85 76 91

67 62 68 99

78 71 89 82

300

【输出样例】

2

/*考生在以下空白处编写程序*/

/*考生在以上空白处编写程序*/

17. 本程序的功能是：乘坐飞机时，当乘客行李重量不超过 10 公斤时，可随身携带行李免费。当行李重量超过 10 公斤时，必须办理托运。行李费这样计算：如果行李重量大于 10 公斤且小于等于 20 公斤时，每公斤 2 元。如果行李重量大于 20 公斤时，每公斤 3 元。请编程计算行李费。

【输入格式】

一个正整数（<100），表示乘客携带行李的重量，单位公斤。

【输出格式】

一个整数，表示行李费用。

【输入样例】

9

【输出样例】

0

【输入样例】

20

【输出样例】

40

【输入样例】

100

【输出样例】

300

```
/*考生在以下空白处编写程序*/




/*考生在以上空白处编写程序*/
```

18. 本程序的功能是：输入一个学生的分数 score(0<=score<=100，整数)，按照如下规则输出等级。分数在 85 分及以上，对应等级为 A；分数在 60 分及以上，85 分以下，对应等级为 B；分数在 60 分以下，对应等级为 F。

【输入格式】

一个整数，表示学生成绩。

【输出格式】

一个字符，表示学生成绩等级。

【输入样例】

83

【输出样例】

B

/*考生在以下空白处编写程序*/

/*考生在以上空白处编写程序*/

19. 本程序的功能是：输入一元二次方程 $ax^2+bx+c=0$ 的系数 a、b、c（均为整数），输出该方程实数根的个数。

【输入格式】

三个整数，依次表示 a、b、c 的值。

【输出格式】

一个整数，表示实数根的个数。

【输入样例】

1 −4 3

【输出样例】

2

/*考生在以下空白处编写程序*/

/*考生在以上空白处编写程序*/

20. 本程序的功能是：先输入按升序排列的 n 个正整数（n<=100），再输入正整数 x，要求输出 n 个正整数中比 x 小的最大者；如果 n 个数中每个数都比 x 大，则输出−1。

【输入格式】

第一行包含 1 个正整数，为 n 的值；第二行包含按升序排列的 n 个正整数；第三行包含 1 个正整数 x。

【输出格式】

一个整数，是 n 个数中比 x 小的最大者；如果每个数都比 x 大，则输出−1。

【输入样例】

5

1 3 4 7 9

6

【输出样例】

4

/*考生在以下空白处编写程序*/

/*考生在以上空白处编写程序*/

21. 本程序的功能是：给定 m 行 n 列的整型二维数组构成的矩阵（m<=20，n<=10），计算该矩阵中各列元素之和，并输出其中的最小值。

【输入格式】

第一行包含 2 个整数，为 m 和 n 的值；接下来有 m 行，每行包含 n 个整数。

【输出格式】

一个整数，表示该矩阵中各列元素之和的最小值。

【输入样例】

3 4

1 2 3 4

5 6 7 8

9 10 11 12

【输出样例】

15

/*考生在以下空白处编写程序*/

/*考生在以上空白处编写程序*/

22. 本程序的功能是：输入一个整数字列，以及基准，要求计算并输出该序列中基准以上的完美数之和。完美数是指一个数的所有真约数之和等于它自身。比如：6 和 28.6 的真约数有 1、2、3，且它们之和等于 6；28 的真约数有 1、2、4、7、14，且它们之和等于 28。

【输入格式】

第一行先给出序列长度 n(n<=20)，随后是 n 个整数（>=2）；第二行包含一个整数，为基准。

【输出格式】

一个整数，表示输入的整数序列中基准以上的完美数之和。

【输入样例】

3 6 17 28

28

【输出样例】

28

/*考生在以下空白处编写程序*/

/*考生在以上空白处编写程序*/

23. 本程序的功能是：给定 m 行 n 列的整型二维数组构成的矩阵（m<=20，n<=10），计算该矩阵中各行元素之和，并输出各行之和的最大值与最小值之差。

【输入格式】

第一行包含 2 个整数，为 m 和 n 的值；接下来有 m 行，每行包含 n 个整数。

【输出格式】

一个整数，表示该矩阵中各行元素之和的最大值与最小值之差。

【输入样例】

3 4

1 2 3 4

5 6 7 8
9 10 11 12
【输出样例】
32

/*考生在以下空白处编写程序*/

/*考生在以上空白处编写程序*/

24. 本程序的功能是：输入实型数组 a 的 10 个元素的值，计算输出所有数组元素的平均值 v，以及大于等于 v 的数组元素之和 s。

【输入格式】

一行包含 10 个实数，以空格分隔。

【输出格式】

一行包含两个实数，分别为所有数组元素的平均值 v，大于等于 v 的数组元素之和 s。

【输入样例】

1.7 2.3 1.2 4.5 −2.1 −3.2 5.6 8.2 0.5 3.3

【输出样例】

2.200000 23.900000

/*考生在以下空白处编写程序*/

/*考生在以上空白处编写程序*/

25. 本程序的功能是：先输入正整数 n，再输入 n 个整数。输出这 n 个数据的极差。极差是指 n 个整数中的最大值与最小值的差值。

【输入格式】

第一行包含 1 个整数，为 n 的值；第二行包含 n 个整数。

【输出格式】

一个非负整数,表示极差。

【输入样例】

5

1 3 2 4 5

【输出样例】

4

```
/*考生在以下空白处编写程序*/




/*考生在以上空白处编写程序*/
```

模拟试卷二十参考答案

1.【参考程序】

```
/****考生在以下空白处写入执行语句******/
#include<stdio.h>
int main()
{
    int x,y;
    scanf("%d",&x);
    if(x>=10)
        y=9*x;
    else
        y=10*x;
    printf("%d",y);
    return 0;
}
/****考生在以上空白处写入执行语句******/
```

2.【参考程序】

```
/****考生在以下空白处写入执行语句******/
#include<stdio.h>
int main()
{
    int n,i,a[100],k=0;
    scanf("%d",&n);
    for(i=0;i<n;i++)
        scanf("%d",&a[i]);
```

```
    for(i=n-1;i>0;i--)
        if(a[i]!=a[i-1])
            k++;
    printf("%d",k);
    return 0;
}
/****考生在以上空白处写入执行语句******/
```

3.【参考程序】

```
/****考生在以下空白处写入执行语句******/
#include<stdio.h>
int x,sum,a[1000];
int main() {
    while(scanf("%d",&x)) {
        if(a[x]==0)
            a[x]++;
        if (getchar()=='\n')
            break;
    }
    while(scanf("%d",&x)) {
        if(a[x]!=0)
        {
            sum+=x;
            a[x]--;
        }
        if (getchar()=='\n')
            break;
    }
    printf("%d",sum);
    return 0;
}
/****考生在以上空白处写入执行语句******/
```

4.【参考程序】

```
/****考生在以下空白处写入执行语句******/
#include<stdio.h>
int main()
{
    int a,b,c,i;
    scanf("%d%d%d",&a,&b,&c);
    if(a==b)
        i=c;
    if(a==c)
        i=b;
    if(b==c)
        i=a;
    printf("%d",i);
    return 0;
}
/****考生在以上空白处写入执行语句******/
```

5.【参考程序】

```
/****考生在以下空白处写入执行语句******/
#include<stdio.h>
int main()
{
    int a[100],n,p,i,k=0;
```

```
    scanf("%d",&n);
    for(i=0;i<n;i++)
        scanf("%d",&a[i]);
    scanf("%d",&p);
    for(i=0;i<n-1;i++)
        if(a[i]+a[i+1]==p)
            k++;
    printf("%d",k);
    return 0;
}
/****考生在以上空白处写入执行语句******/
```

6.【参考程序】

```
/****考生在以下空白处写入执行语句******/
#include <stdio.h>
int main(){
    int i,j,n,m,k=0,s;
    double ave,p;
    int ss[20][10];
    scanf("%d%d",&m,&n);
    scanf("%lf",&p);
    for(i=0;i<m;i++)
        for(j=0;j<n;j++)
            scanf("%d",&ss[i][j]);
    for(i=0;i<m;i++)
    {
        s=0;
        for(j=0;j<n;j++)
            s+=ss[i][j];
        ave=s/n;
        if(ave>p)
            k++;
    }
    printf("%d",k);
    return 0;
}
/****考生在以上空白处写入执行语句******/
```

7.【参考程序】

```
/****考生在以下空白处写入执行语句******/
#include<stdio.h>
#include<math.h>
int main()
{
    int t,s; double y;
    scanf("%d%d",&t,&s);
    y=t/pow(s,2);
    if(y>25)
        printf("fat");
    else if(y<19)
        printf("thin");
    else
        printf("good");
    return 0;
}
/****考生在以上空白处写入执行语句******/
```

8.【参考程序】

```
/****考生在以下空白处写入执行语句******/
#include<stdio.h>
int main()
{
    int n,i,max,k=0;
    scanf("%d",&n);
    int a[n];
    for(i=0;i<n;i++)
        scanf("%d",&a[i]);
    max=a[0];
    for(i=0;i<n;i++)
        if(a[i]>max)
            max=a[i];
    for(i=0;i<n;i++)
        if(a[i]==max)
            k++;
    printf("最大值为%d，出现%d 次",max,k);
    return 0;
}
/****考生在以上空白处写入执行语句******/
```

9.【参考程序】

```
/****考生在以下空白处写入执行语句******/
#include<stdio.h>
int main()
{
    int m1,d1,m2,d2;
    scanf("%d%d%d%d",&m1,&d1,&m2,&d2);
    if(m1>m2)
        printf("%d 月%d 日",m2,d2);
    else if(m1==m2){
        if(d1>d2)
            printf("%d 月%d 日",m2,d2);
        else
            printf("%d 月%d 日",m1,d1);
    }
    else
        printf("%d 月%d 日",m1,d1);
    return 0;
}
/****考生在以上空白处写入执行语句******/
```

10.【参考程序】

```
/****考生在以下空白处写入执行语句******/
#include<stdio.h>
int main()
{
    int i,n,min,a[20],k=0;
    scanf("%d",&n);
    for(i=0;i<n;i++)
        scanf("%d",&a[i]);
    min=a[0];
    for(i=0;i<n;i++)
        if(a[i]<min)
            min=a[i];
```

```
        for(i=0;i<n;i++)
            if(a[i]%min==0)
                k++;
        printf("%d",k);
        return 0;
}
/****考生在以上空白处写入执行语句******/
```

11.【参考程序】

```
/****考生在以下空白处写入语句 ******/
#include<stdio.h>
int main()
{
    double el,money;
    scanf("%lf",&el);
    if(el<=50)
        money=el*0.53;
    else
        money=50*0.53+(el-50)*0.58;
    printf("%lf",money);
    return 0;
}
/****考生在以上空白处写入语句 ******/
```

12.【参考程序】

```
/****考生在以下空白处写入语句 ******/
#include<stdio.h>
#define N 1001
int a[N];
int main()
{
    int n;
    scanf("%d",&n);
    for(int i=0;i<n;i++)
        scanf("%d",&a[i]);
    for(int i=0;i<n;i++)
    {
        if(i%2==1)
            a[i]-=a[n-1];
        else
            a[i]+=3;
    }
    for(int i=0;i<n;i++)
        printf("%d ",a[i]);
    return 0;
}
/****考生在以上空白处写入语句 ******/
```

13.【参考程序】

```
/****考生在以下空白处写入语句 ******/
#include<stdio.h>
int main()
{
    int a[20][10],i,j,m,n,sum=0;
    scanf("%d%d",&m,&n);
    for(i=0;i<m;i++)
        for(j=0;j<n;j++)
```

```
        {
            scanf("%d",&a[i][j]);
            if(i==0||j==0||i==(m-1)||j==(n-1))
                sum+=a[i][j];
        }
    printf("%d",sum);
    return 0;
}
/****考生在以上空白处写入语句 ******/
```

14.【参考程序】

```
/****考生在以下空白处写入语句 ******/
#include<stdio.h>
int main()
{
    int a[100],i,j,n,base,k=0;
    scanf("%d",&n);
    for(i=0;i<n;i++)
        scanf("%d",&a[i]);
    scanf("%d",&base);
    for(i=0;i<n;i++)
    {
        if(a[i]>=base)
        {
            for(j=2;j<a[i]/2;j++)
                if(a[i]%j==0)
                    break;
            if(j>=a[i]/2)
                k++;
        }
    }
    printf("%d",k);
    return 0;
}
/****考生在以上空白处写入语句 ******/
```

15.【参考程序】

```
/****考生在以下空白处写入语句 ******/
#include<stdio.h>
int main()
{
    double x,y;
    scanf("%lf",&x);
    if(x<=15)
        y=4*x/3;
    else
        y=2.5*x-17.5;
    printf("%lf",y);
    return 0;
}
/****考生在以上空白处写入语句 ******/
```

16.【参考程序】

```
/****考生在以下空白处写入语句 ******/
#include<stdio.h>
int main()
{
```

```
    int s[20][10],n,m,line,i,j,sum,k=0;
    scanf("%d%d%d",&n,&m,&line);
    for(i=0;i<n;i++)
    {
        sum=0;
        for(j=0;j<m;j++)
        {
            scanf("%d",&s[i][j]);
            sum+=s[i][j];
        }
        if(sum>=line)
            k++;
    }
    printf("%d",k);
    return 0;
}
/****考生在以上空白处写入语句 ******/
```

17.【参考程序】

```
/****考生在以下空白处写入语句 ******/
    #include<stdio.h>
    int main()
    {
        int weight,d;
        scanf("%d",&weight);
        if(weight<=10)
            d=0;
        else if(weight>10&&weight<=20)
            d=weight*2;
        else
            d=weight*3;
        printf("%d",d);
        return 0;
    }
/****考生在以上空白处写入语句 ******/
```

18.【参考程序】

```
/****考生在以下空白处写入语句 ******/
#include<stdio.h>
int main()
{
    int score;
    scanf("%d",&score);
    if(score>=85)
        printf("A");
    else if(score>=60&&score<85)
        printf("B");
    else
        printf("F");
    return 0;
}
/****考生在以上空白处写入语句 ******/
```

19.【参考程序】

```
/****考生在以下空白处写入语句 ******/
#include<stdio.h>
int main()
```

```
{
  int a,b,c,d;
  scanf("%d%d%d",&a,&b,&c);
  d=b*b-4*a*c;
  if(d>0)
      printf("2");
  else if(d==0)
      printf("1");
  else
      printf("0");
  return 0;
}
/****考生在以上空白处写入语句 ******/
```

20.【参考程序】

```
/****考生在以下空白处写入语句 ******/
#include<stdio.h>
#define N 101
int a[N];
int main()
{
  int n,x,max=-1;
  scanf("%d",&n);
  for(int i=0;i<n;i++)
  {
      scanf("%d",&a[i]);
  }
  scanf("%d",&x);
  for(int i=0;i<n;i++)
  {
      if(a[i]<x){
          if(a[i]>max)
              max=a[i];
      }
  }
  if(max<0)
      printf("-1");
  else
      printf("%d",max);
  return 0;
} /****考生在以上空白处写入语句 ******/
```

21. 【参考程序】

```
   /****考生在以下空白处写入执行语句******/
#include<stdio.h>
int main()
{
    int m,n,i,j,a[20][10],sum=0,min=1000;
    scanf("%d%d",&m,&n);
    for(i=0;i<m;i++)
        for(j=0;j<n;j++)
            scanf("%d",&a[i][j]);
    for(j=0;j<n;j++)
    {
        sum=0;
        for(i=0;i<m;i++)
        {
            sum+=a[i][j];
```

```
        }
        if(sum<min)
            min=sum;
        }
    printf("%d",min);
    return 0;
}
/****考生在以上空白处写入执行语句******/
```

22.【参考程序】

```
/****考生在以下空白处写入执行语句******/
#include<stdio.h>
int wm(int n){
    int i,s=0;
    for(i=1;i<n-1;i++)
        if(n%i==0)
            s+=i;
    if(s==n)
        return 1;
    else
        return 0;
}
int main()
{
    int n,i,p,a[20],k=0;
    scanf("%d",&n);
    for(i=0;i<n;i++)
        scanf("%d",&a[i]);
    scanf("%d",&p);
    for(i=p+1;i<=a[n-1];i++)
        if(wm(i))
            k++;
    printf("%d",k);
    return 0;
}
/****考生在以上空白处写入执行语句******/
```

23.【参考程序】

```
/****考生在以下空白处写入执行语句******/
#include <stdio.h>
int main()
{
    int m,n,i,j,a[20][10],sum=0,max=0,min=1000;
    scanf("%d%d",&m,&n);
    for(i=0;i<m;i++)
    {
        for(j=0;j<n;j++)
        scanf("%d",&a[i][j]);
    }
    for(i=0;i<m;i++)
    {
        sum=0;
        for(j=0;j<n;j++)
        sum+=a[i][j];
        if(sum>max)
            max=sum;
        if(sum<min)
            min=sum;
```

```
          }
      printf("%d",max-min);
      return 0;
}
/****考生在以上空白处写入执行语句******/
```

24.【参考程序】

```
/****考生在以下空白处写入语句 ******/
#include<stdio.h>
int main()
{
  float a[10],v=0,s=0;
  for(int i=0;i<10;i++)
  {
      scanf("%f",&a[i]);
      v+=a[i];
  }
  v/=10;
  for(int i=0;i<10;i++)
  {
      if(a[i]>=v){
          s+=a[i];
      }
  }
  printf("%.2f %.2f", v, s );
  return 0;
}
 /****考生在以上空白处写入语句 ******/
```

25.【参考程序】

```
/****考生在以下空白处写入语句 ******/
#include<stdio.h>
#define N 10000
int a[N];
int main()
{
  int n,max=0,min=99999;
  scanf("%d",&n);
  for(int i=0;i<n;i++)
  {
      scanf("%d",&a[i]);
      if(a[i]>max)
          max=a[i];
      if(a[i]<min)
          min=a[i];
  }
  printf("%d",max-min);
  return 0;
}
/****考生在以上空白处写入语句 ******/
```

上机模拟试题及参考答案

一、程序填空题

1. 输入 m、n（要求输入数均大于 0），输出它们的最大公约数。

```
#include <stdio.h>
void main()
{     (1)     ;
  while(1){
    scanf("%d%d",&m,&n);
    if(m>0 && n>0)     (2)     ;
  }
      (3)     ;
  while( m%k!=0    (4)    n%k!=0) k--;
  printf("%d\n",k);
}
```

2. 数组 x 中原有数据为 1、−2、3、4、−5、6、−7，调用函数 f 后数组 x 中数据为 1、3、4、6、0、0、0，输出结果为：1 3 4 6。

```
#include <stdio.h>
void f(int *a,     (1)     )
{ int i,j;
  for(i=0;     (2)     ; )
     if(a[i]<0) {
        for(j=i;j<*m-1;j++)     (3)     ;
        a[*m-1]=0;  (*m)--;
     }
     else i++;
}
void main()
{ int i,n=7,x[7]={1,-2,3,4,-5,6,-7};
      (4)     ;
  for(i=0;i<n;i++) printf("%5d",x[i]);
  printf("\n");
}
```

3. 调用函数 f，从字符串中删除所有的数字字符。

```
#include <stdio.h>
#include <string.h>
#include <     (1)     >
void f(char *s)
{     (2)     ;
while(s[i]!='\0')
   if(isdigit(s[i]))     (3)     (s+i,s+i+1);
       (4)     i++;
}
void main()
{ char str[80];
  gets(str); f(str); puts(str);
}
```

4. 输入 10 个数到数组 a 中，计算并显示所有元素的平均值，以及其中与平均值相差最小的数组元素值。

```
#include <math.h>
void main()
{ double a[10],v=0,x,d; int i;
  printf("Input 10 numbers: ");
  for(i=0;i<10;i++) {
    scanf("____(1)____", &a[i]);
    v=v+____(2)____;
    }
  d=____(3)____; x=a[0];                    )
  for(i=1;i<10;i++)
    if(fabs(a[i]-v)<d) d=fabs(a[i]-v),____(4)____;
  printf("%.4f %.4f\n",v,x);
}
```

5. 调用 f，将 1 个整数首尾倒置。

```
include <stdio.h>
#include <____(1)____>
long f(long n)
{ long m=fabs(n),y=0;
  while(____(2)____) {
    y=y*10+m%10;    ____(3)____;
    }
  return n<0? -y:____(4)____;
}
void main()
{
  printf("%ld\t",f(12345));
  printf("%ld\n",f(-34567));
}
```

6. 对 x=0.0，0.5，1.0，1.5，2.0，……，10.0，求 $f(x)=x^2-5.5x+\sin x$ 的最大值。

```
#include <stdio.h>
#include <math.h>
#define ____(1)____ x*x-5.5*x+sin(x)
void main()
{ float x,max;
  max=____(2)____;
  for(x=0.5;x<=10;____(3)____)
  if(f(x)>max) ____(4)____;
  printf("%f\n",max);
}
```

7. 循环输入若干个整数（以输入 Ctrl+Z 结束循环），输出每个数的位数。例如：输入 234↙，显示 234 是 3 位整数；输入−1573↙，显示−1573 是 4 位整数；输入 2↙，显示 2 是 1 位整数。输入 Ctrl+Z，显示 press any key to continue。

```
#include <stdio.h>
void main()
{ int n,m,k;
  while(scanf("%d",&n)!=____(1)____) {
    m=n;____(2)____;
    while(m!=0){
        k++;    ____(3)____;
        }
    printf("%d 是%d 位整数\n",____(4)____);
```

```
    }
  }
```

8. 将字符串 s 中所有的小写字符'c'删除。

```
#include <stdio.h>
#include <     (1)     >
void main()
{ char s[81];int i;
  gets(s);
  for(    (2)     ;i<strlen(s);)
     if(s[i]=='c')
         strcpy(     (3)     );
         (4)
         i++;
  puts(s);
}
```

9. 输入一个不超过 80 个字符的字符串，将其中的大写字符转换为小写字符；小写字符转换为大写字符；空格符转换为下画线，输出转换后的字符串。

```
#include <stdio.h>
#include <     (1)     >
void main()
{ char s[81]; int i;
       (2)     ;
  for(i=0;     (3)     ;i++){
     if(isupper(s[i]))
         s[i]=s[i]+32;
     else
         if(islower(s[i]))
             s[i]=s[i]-32;
     if(     (4)     ) s[i]='_';
  }
  puts(s);
}
```

10. 输入 4 个整数，通过函数 Dec2Bin 的处理返回字符串，显示每个整数的机内码（二进制，补码）。

```
#include <stdio.h>
void Dec2Bin(long m,char *s)
{ int i,k;
  for(i=0;i<32;i++) {
      k=m & 0x80000000;
      if(k!=0) s[i]='1'; else     (1)     ;
          (2)     ; /* m 左移1位 */
      }
}
void main()
{ char a[33]=""; long n; int i;
  for(i=1;i<=4;i++) {
     scanf("%ld",&n);
         (3)     ;
         (4)     ;
  }
}
```

11. 调用函数 f，求 x=1.7 时的值。

```
#include <stdio.h>
float f(float*,float,int);
void main()
{ float b[5]={1.1,2.2,3.3,4.4,5.5};
  printf("%f\n",f(_____(1)_____));
}
float f( _____(2)_____ )
{ float y=____(3)____,t=1; int i;
  for(i=1;i<n;i++) { t=t*x ; y=y+a[i]*t; }
      (4)
}
```

12. 数列的第 1、2 项均为 1，此后各项值均为该项前两项之和。计算数列第 24 项的值。

```
#include <stdio.h>
long f(int);
void main()
{
  printf("%ld\n",____(1)____);
}
_____(2)_____
{ if( n==1 || n==2)
      ____(3)____;
  else
      return ____(4)____;
}
```

13. 显示数据，要求：（1）在数组 a 中存在，而在数组 b 中不存在的数，以及（2）在数组 b 中存在，而在数组 a 中不存在的数。

```
#include <stdio.h>
void main()
{ int a[6]={2,5,7,8,4,12},b[7]={3,4,5,6,7,8,9},i,j,k;
  for(i=0;i<6;i++) {
      for(j=0;j<7;j++) if(____(1)____) break;
      if(____(2)____) printf("%d ",a[i]);
  }
  putchar('\n');
  for(i=0;i<7;i++) {
    for(j=0;j<6;j++) if(b[i]==a[j]) ____(3)____;
    if(j==6) printf("%d ",____(4)____);
  }
  putchar('\n');
}
```

14. 循环输入正整数 n（直到输入负数或者 0 结束），计算并显示满足条件 $2^m \leq n \leq 2^{m+1}$ 的 m 值。

```
#include <stdio.h>
#define F (t<=n && t*2>=n)
void main()
{ int m,t,n;
  while(scanf("%d",&n),____(1)____){
      m=0; ____(2)____;
      while(____(3)____){
          ____(4)____; m++;
      }
      printf("%d %d\n",n,m);
  }
}
```

15. 输入三个整数，按从小到大的顺序输出。

```c
#include <stdio.h>
void swap(_____(1)_____) /*交换两个数的位置*/
{
    int temp;
    temp=*pa; *pa=*pb; *pb=temp;
}
void main()
{
    int a,b,c,temp;    //temp
    scanf("%d%d%d",&a,&b,&c);
    if(_____(2)_____) swap(&a,&b);
    if(b>c) swap(_____(3)_____);
    if(_____(4)_____) swap(&a,&b);
    printf("%d,%d,%d\n",a,b,c);
}
```

二、程序改错题

1. 输入 n（小于 10 的正整数），输出如下形式的数组：

例如，输入 n=5，数组为：

1 0 0 0 0

2 1 0 0 0

3 2 1 0 0

4 3 2 1 0

5 4 3 2 1

输入 n=6，数组为：

1 0 0 0 0 0

2 1 0 0 0 0

3 2 1 0 0 0

4 3 2 1 0 0

5 4 3 2 1 0

6 5 4 3 2 1

```c
#include <stdio.h>
void main()
{ int a[9][9]={{0}},i,j,n;
  /*********** (1) **************/
  while(scanf("%d",n),n<1||n>9);
  for(i=0;i<n;i++) {
    /****** (2) ********/
    for(j=0;j<i;j++)
      /******* (3) *********/
      a[i][j]=i-j;
    }
  for(i=0;i<n;i++) {
    for(j=0;j<n;j++)
    /******* (4) *********/
    printf("%3d",&a[i][j]);
    putchar('\n');
  }
}
```

2. 输入两字符串 s1、s2 后，将它们首尾相连。

```
#include <stdio.h>
void main()
{ char s1[80],s2[40]; int j;
 /***** (1) *****/
 int i;
 printf("Input the first string:");
 gets(s1);
 printf("Input the second string:");
 gets(s2);
 /********** (2)*******/
 while(s1[i]!=0)
     i++;
 for(j=0;s2[j]!='\0';j++)
     /****** (3) ******/
     s1[j]=s2[j];
 /****** (4) ******/
 s1[i+j]=\0;
 puts(s1);
}
```

3. 用选择法对 10 个整数按升序排序。

```
#include <stdio.h>
#define N 10
void main()
{ int i,j,min,temp;
  int a[N]={5,4,3,2,1,9,8,7,6,0};
  printf("排序前:");
  /******** (1) ********/
  for(i=0;i<n;i++)
      printf("%4d",a[i]);
  putchar('\n');
  for(i=0;i<N-1;i++) {
    /***** (2) ******/
    min=0;
    for(j=i+1;j<N;j++)
        /****** (3) ******/
        if(a[j]>a[min]) min=j;
    temp=a[min];a[min]=a[i];a[i]=temp;
  }
    printf("排序后:");
  for(i=0;i<N;i++)printf("%4d",a[i]);
  /****** (4) ********/
  putchar("\n");
}
```

4. 输入 x 和正数 eps，计算多项式 $1-x+x^2/2!-x^3/3!+\cdots$ 的和直到末项的绝对值小于 eps 为止。

```
#include <stdio.h>
#include <math.h>
void main()
{ double x,eps,s=1,t=1;
  /******* (1) ********/
  float i=1;
  /******* (2) *********/
  scanf("%f%f",&x,&eps);
  do {
```

```
        i++;
        /***** (3) *****/
        t=t*x/i;
        s+=t;
    /***** (4) *****/
    } while(fabs(t)<eps);
    printf("%f\n",s);
}
```

5. 程序运行时输入整数 n，输出 n 的各位数字之和，例如，若输入 n=1380，则输出 12；若输入 n=-3204，则输出 9。

```
#include <stdio.h>
void main()
{ /****** (1) ******/
    int n,s;
    scanf("%d",&n);
    /****** (2) ******/
    n<0?-n:n;
    /****** (3) ******/
    while(n>=0){
        /***** (4) *****/
        s=s+n/10;
        n=n/10;
    }
    printf("%d\n",s);
}
```

6. 运行时若输入 a、n 分别为 3、6，则输出下列表达式的值：3+33+333+3333+33333+333333。

```
#include <stdio.h>
void main()
{ int a,n,i; long s=0,t;
    /******* (1) *******/
    scanf("%d%d",a,n);
    /******* (2) **********/
    t=1;
    /******* (3) **********/
    for(i=1;i<n;i++) {
        t=t*10+a;
        /******* (4) ********/
        t=t+s;
        }
    printf("%ld\n",s);
}
```

7. 显示两个数组中，数值相同的元素。

```
#include <stdio.h>
void main()
{ /******** (1) *******/
    int i;
    int a[6]={1,3,5,7,9,11};
    int b[7]={2,5,7,9,12,16,3};
    /******* (2) *******/
    for(i=0;i<=6;i++) {
        for(j=0;j<7;j++)
            /******** (3) *******/
            if(a[i]=b[j]) break;
        /******* (4) ********/
```

```
        if(j>=7)
            printf("%d ",a[i]);
    }
    printf("\n");
}
```

8. 逐个显示字符串中各字符的机内码。提示：英文字符的机内码首位为 0，汉字的每个字节首位为 1。程序正确运行后，显示如下：

a[0]的机内码为：01100001

a[1]的机内码为：00110010

a[2]的机内码为：10111010

a[3]的机内码为：10111010

a[4]的机内码为：11010111

a[5]的机内码为：11010110

```
#include <stdio.h>
void main()
{ /******** (1) *******/
    char a[7]='a2汉字';
    int i,j,k;
    /******** (2) *******/
    for(i=0;i<strlen(a);i++) {
        printf("a[%d]的机内码为: ",i);
        for(j=1;j<=8;j++) {
            k=a[i]&0x80;
            if(k!=0) putchar('1');
            /****** (3) *****/
                else putchar(0);
            /****** (4) *****/
            a[i]=a[i]>>1;
        }
        printf("\n");
    }
}
```

9. 程序运行时输入 n，输出 n 的所有质数因子，例如，输入 n 为 60，则输出 60=2*2*3*5。

```
#include <stdio.h>
void main()
{ int n,i;
  /****** (1) ******/
  scanf("%f",&n);
  printf("%d=",n);
  /****** (2) ******/
  n=2;
  /****** (3) ******/
  while(n>0)
      if(n%i==0) {
          printf("%d*",i);
          /****** (4) ******/
          n=n*i;
      }
      else i++;
  printf("\b \n");
}
```

10. 循环输入 x、n，调用递归函数计算，显示 x 的 n 次方。当输入 n 小于 0 时，结束循环。

```
#include <stdio.h>
float f(float x,int n)
{ /******* (1) ******/
  if(n==1)
    return 1;
  else
    /****** (2) ******/
    return f(x,n-1);
}
void main()
{ float y,z; int m;
  while(1) {
    scanf("%f%d",&y,&m);
    /****** (3) *******/
    if(m>=0) break;
    /******* (4) ********/
    z=f(m,y);
    printf("%f\n",z);
    }
}
```

11. 将十进制的整数，以十六进制的形式输出。

```
#include <stdio.h>
/********** (1) *********/
int DtoH(int n)
{ int k=n & 0xf;
  if(n>>4!=0) DtoH(n>>4);
  /********** (2) *********/
  if(k<=10)
    putchar(k+'0');
  else
    /********** (3) *********/
    putchar(k-10+a);
}
void main()
{ int a[4]={28,31,255,378},i;
  for(i=0;i<4;i++) {
    printf("%d-->",a[i]);
    /******** (4) *******/
    printf("%s",DtoH(a[i]));
    putchar('\n');
  }
}
```

12. 输入 n，再输入 n 个点的平面坐标，输出那些距离坐标原点不超过 5 的点的坐标值。

```
#include <stdio.h>
#include <math.h>
#include <stdlib.h>
void main()
{ int i,n;
  struct axy { float x,y;};
  /***** (1) *****/
  struct axy a;
  /***** (2) *****/
  scanf("%d",n);
  a=(struct axy*) malloc(n*sizeof(struct axy));
  for(i=0;i<n;i++)
    scanf("%f%f",&a[i].x,&a[i].y);
```

```
/***** (3) ******/
for(i=1;i<=n;i++)
    if(sqrt(pow(a[i].x,2)+pow(a[i].y,2))<=5) {
        printf("%f,",a[i].x);
        /************** (4) **************/
        printf("%f\n",a+i->y);
    }
}
```

13. 运行时输入 10 个数，然后分别输出其中的最大值、最小值。

```
#include <stdio.h>
void main()
{ float x,max,min; int i;
  /******** (1) ******/
  for(i=0;i<=10;i++) {
      /****** (2) *******/
      scanf("%f",x);
      /******** (3) ********/
      if(i=1)
        { max=x;min=x;}
      else {
              if(x>max) max=x;
              if(x<min) min=x;
            }
      }
  /******* (4) ********/
  printf("%f,%f\n",Max,Min);
}
```

14. 输入一个字符串，将组成字符串的所有非英文字母的字符删除后输出。

```
#include <stdio.h>
#include <string.h>
void main()
{ char str[81]; int i,flag;
  /******* (1) ******/
  get(str);
  for(i=0;str[i]!='\0';) {
      flag=tolower(str[i])>='a' && tolower(str[i])<='z';
      /********* (2) *********/
      flag=not flag;
      if(flag) {
          /******* (3) ********/
          strcpy(str+i+1,str+i);
          /******* (4) ********/
          break;
          }
      i++;
      }
  printf("%s\n",str);
}
```

15. 输入一个整数 mm 作为密值，将字符串中每个字符与 mm 做一次按位异或操作进行加密，输出被加密后的字符串（密文）；再将密文的每个字符与 mm 做一次按位异或操作，输出解密后的字符串（明文）。

```
#include <stdio.h>
void main()
{ char a[]="a2汉字";
```

```
    int mm,i;
    /******** (1) *******/
    printf("请输入密码:");
    /******** (2) *******/
    scanf("%d",mm);
    for(i=0;a[i]!='\0';i++) /*各字符与mm作一次按位异或*/
        a[i]=a[i]^mm;
    puts(a);
    /*** 各字符与mm再作一次按位异或 ***/
    /******** (3) *******/
    for( ;a[i]!='\0';i++)
        /****** (4) ******/
        a[i]=a[i]^mm^mm;
    puts(a);
}
```

三、程序设计题

1. 函数 f 将二维数组每 1 行均除以该行上绝对值最大的元素。函数 main 调用 f 处理数组 a 后按行显示，测试函数 f 正确与否。

```
#include <stdio.h>
#include <math.h>
void f(double **x,int m,int n)    //void
{ double max; int i,j;
  for(i=0;i<m;i++) {
      max=x[i][0];
      for(j=1;j<n;j++)
          if(fabs(x[i][j])>fabs(max)) max=x[i][j];
      for(j=0;j<n;j++) x[i][j]/=max;
  }
}
void main()
{ FILE *fp;
  double a[3][3]={{1.3,2.7,3.6},{2,3,4.7},{3,4,1.27}};
  double *c[3]={a[0],a[1],a[2]}; int i,j;
  /****考生在以下空白处写入执行语句******/



  /****考生在以上空白处写入执行语句******/
  fp=fopen("CD2.dat","wb");
  fwrite(*a+8,8,1,fp);
  fclose(fp);
}
```

2. 累加 a 字符串中所有非大写英文字母字符的 ASCII 码，将累加和存入变量 x 并显示。

```
#include <stdio.h>
void main()
{ FILE *fp; long x; int i;
  char a[]="Windows Office 2010";
  /****考生在以下空白处写入执行语句******/
```

```
  /****考生在以上空白处写入执行语句******/
  printf("%d\n",x);
  fp=fopen("CD2.dat","wb");
  fwrite(&x,4,1,fp);
  fclose(fp);
}
```

3. 计算 2 的平方根、3 的平方根……10 的平方根之和，要求将计算结果存入变量 y 中，且具有小数点后 10 位有效位数。

```
#include <stdio.h>
#include <math.h>
void main()
{ FILE *fp; int i;
  /****考生在以下空白处写入语句 ******/



  /****考生在以上空白处写入语句 ******/
  printf("%.10f\n",y);
  fp=fopen("CD1.dat","wb");
  fwrite(&y,8,1,fp);
  fclose(fp);
}
```

4. 求斐波那契（Fibonacci）数列前 40 项之和。说明：斐波那契数列的前两项为 1，此后各项为其前两项之和。

```
#include <stdio.h>
void main()
{ FILE *fp; long i,a[40]={1,1},s=2;
  /****考生在以下空白处写入执行语句 ******/



  /****考生在以上空白处写入执行语句 ******/
  printf("%d\n",s);
  fp=fopen("CD1.dat","wb");
  fwrite(&s,4,1,fp);
}
```

5. 在数组 a 的 10 个数中求平均值 v，将大于等于 v 的数组元素进行求和并存入变量 s 中。

```
#include <stdio.h>
void main()
{ FILE *fp;
  double a[10]={1.7,2.3,1.2,4.5,-2.1,-3.2,5.6,8.2,0.5,3.3};
  double v,s; int i;
  /****考生在以下空白处写入执行语句******/
```

```
    /****考生在以上空白处写入执行语句******/
    printf("%f %f\n",v,s);
    fp=fopen("CD1.dat","wb");
    fwrite(&s,8,1,fp);
    fclose(fp);
}
```

6. x[i],y[i]分别表示平面上一个点的坐标，累加 10 个点与点（1.0,1.0）的距离总和并存入 double 类型变量 s 中。

```
#include <stdio.h>
#include <math.h>
void main()
{ FILE *fp; int i;
    double x[10]={1.1,3.2,-2.5,5.67,3.42,-4.5,2.54,5.6,0.97,4.65};
    double y[10]={-6,4.3,4.5,3.67,2.42,2.54,5.6,-0.97,4.65,-3.33};
    /****考生在以下空白处写入执行语句 ******/



    /****考生在以上空白处写入执行语句 ******/
    printf("%f\n",s);
    fp=fopen("CD1.dat","wb");
    fwrite(&s,8,1,fp);
    fclose(fp);
}
```

7. 编制函数 f 计算下列表达式的值，函数 main()提供了一个测试用例。函数原型为 double f（double*，double，int），求 $a_0+a_1sin(x)+a_2sin(x^2)+a_3sin(x^3)+\cdots\cdots+a_{n-1}sin(x^{n-1})$。

```
#include <stdio.h>
#include <math.h>
/*****考生在以下空白处编写函数 f ******/




    /****考生在以上空白处编写函数 f ******/
void main()
{ FILE *fp; int i; double y;
    double a[10]={1.2,-1.4,-4.0,1.1,2.1,-1.1,3.0,-5.3,6.5,-0.9};
    y=f(a,2.345,10);
    printf("%f\n",y);
    fp=fopen("CD2.dat","wb");
    fwrite(&y,8,1,fp);
    fclose(fp);
}
```

8. 若 x、y 取值为区间[1,6]的整数，则显示使函数 f(x,y)取最小值的 x1、y1。函数 f 的原型为 double f(int，int)，f(x,y)=(3.14x-y)/(x+y)

```
#include <stdio.h>
/****考生在以下空白处声明函数 f ******/
```

```
/****考生在以上空白处声明函数 f ******/
void main()
{ FILE *fp; double min; int i,j,x1,y1;
  /****考生在以下空白处写入执行语句******/




  /****考生在以上空白处写入执行语句******/
  printf("%f %d %d\n",min,x1,y1);
  fp=fopen("CD2.dat","wb");
  fwrite(&min,8,1,fp);
  fclose(fp);
}
```

9. 用 for 循环找出所有两个数乘积等于 20 的数据对。提示：判断 20 能否被 i 整除的条件可以写作"20.0/i==(int)(20/i)"。

```
#include <stdio.h>
void main()
{ FILE *fp; long i,n=0,x[10][2];
  /****考生在以下空白处写入执行语句******/




  /****考生在以上空白处写入执行语句******/
  for(i=0;i<n;i++)
      printf("%ld %ld\n",x[i][0],x[i][1]);
  fp=fopen("CD1.dat","wb");
  fwrite(&x,4,2*n,fp);
  fclose(fp);
}
```

10. 计算字符串 s 中每个字符的权重值并依次写入到数组 a 中。权重值就是字符的位置值与该字符的 ASCII 码值的乘积。首字符位置值为 1，最后一个字符的位置值为 strlen(s)。

```
#include <stdio.h>
#include <stdlib.h>
#include <string.h>
void main()
{ FILE *fp; long i,n,*a;
  char s[]="ABCabc$%^,.+-*/";
  n=strlen(s);
  a=(long*)malloc(n*sizeof(long));
  /****考生在以下空白处写入执行语句******/




  /****考生在以上空白处写入执行语句******/
  fp=fopen("CD2.dat","wb");
  fwrite(a,4,n,fp);
  fclose(fp);
}
```

11. 统计并显示 500 至 800 之间所有素数的个数以及总和。

```
#include <stdio.h>
#include <math.h>
/**考生在以下空白处写入执行语句，编写函数 f 判断与形参相应的实参是否是素数**/




/*****考生在以上空白处编写函数 f *************/
void main()
{ FILE *fp; int i; long s=0,k=0;
  /****考生在以下空白处写入执行语句******/



  /****考生在以上空白处写入执行语句******/
  printf("素数个数%d 素数总和%d\n",k,s);
  fp=fopen("CD2.dat","wb");
  fwrite(&k,4,1,fp);fwrite(&s,4,1,fp);
  fclose(fp);
}
```

12. 数组元素 x[i]、y[i] 表示平面上某点坐标，计算并显示 10 个点中所有各点间的最短距离。

```
#include <stdio.h>
#include <math.h>
#define len(x1,y1,x2,y2) sqrt((x2-x1)*(x2-x1)+(y2-y1)*(y2-y1))
void main()
{ FILE *fp; int i,j; double min,d;
  double x[10]={1.1,3.2,-2.5,5.67,3.42,-4.5,2.54,5.6,0.97,4.65};
  double y[10]={-6,4.3,4.5,3.67,2.42,2.54,5.6,-0.97,4.65,-3.33};
  min=len(x[0],y[0],x[1],y[1]);
  /****考生在以下空白处写入执行语句 ******/






  /****考生在以上空白处写入执行语句 ******/
  printf("%f\n",min);
  fp=fopen("CD2.dat","wb");
  fwrite(&min,8,1,fp);
  fclose(fp);
}
```

13. 在数组 x 的 10 个数中求平均值 v，找出与 v 相差最小的数组元素存入变量 y，并显示 v、y。

```
#include <stdio.h>
#include <math.h>
void main()
{ FILE *fp; int i; double d,v,y;
  double x[10]={1.2,-1.4,-4.0,1.1,2.1,-1.1,3.0,-5.3,6.5,-0.9};
```

```
      /****考生在以下空白处写入执行语句 ******/




      /****考生在以上空白处写入执行语句 ******/
      printf("%f %f\n",v,y);
      fp=fopen("CD2.dat","wb");
      fwrite(&y,8,1,fp);
      fclose(fp);
}
```

14. 在正整数中找出 1 个最小的且被 3、5、7、9 除余数分别为 1、3、5、7 的数。

```
#include <stdio.h>
void main()
{ FILE *fp; long i=1;
   /****考生在以下空白处写入执行语句 ******/



   /****考生在以上空白处写入执行语句 ******/
   printf("%d\n",i);
   fp=fopen("CD1.dat","wb");
   fwrite(&i,4,1,fp);
   fclose(fp);
}
```

15. 求数列：2/1，3/2，5/3，8/5，13/8，21/13，……前 40 项的和。

```
#include <stdio.h>
void main()
{ FILE *fp; double y=2,f1=1,f2=2,f; int i;
   /****考生在以下空白处写入执行语句 ******/




   /****考生在以上空白处写入执行语句 ******/
   printf("%f\n",y);
   fp=fopen("CD1.dat","wb");
   fwrite(&y,8,1,fp);
   fclose(fp);
}
```

16. 编制函数 f，用于在 m 行 n 列的二维数组中查找值最大的元素之行下标与列下标。函数 main 提供了一个测试用例。

```
#include <stdio.h>
void f(int **a,int m,int n,int *mm,int *nn)
{ int i,j,max=a[0][0];
   /****考生在以下空白处写入语句 ******/
```

```
    /****考生在以上空白处写入语句 ******/
}
void main()
{ FILE *fp; int ii,jj;
  int b[3][3]={{1,3,4},{2,9,5},{3,7,6}};
  int *c[3]={b[0],b[1],b[2]};
    /****考生在以下空白处写入调用语句 ******/


    /****考生在以上空白处写入调用语句 ******/
  printf("最大值为%d，行号%d，列号%d\n",b[ii][jj],ii,jj);
  fp=fopen("CD2.dat","wb");
  fwrite(&ii,4,1,fp); fwrite(&jj,4,1,fp);
  fclose(fp);
}
```

17. 在 6 至 5000 内找出所有的亲密数，并显示其数量。若 a、b 为一对亲密数，b、a 也是一对亲密数，满足的条件是：a 的因子和等于 b，b 的因子和等于 a，且 a 不等于 b。关于因子和：6 的因子和等于 6 即 1+2+3，8 的因子和等于 7 即 1+2+4。

```
#include <stdio.h>
long f(long x)
{ int i,j,y=1;
  for(i=2;i<=x/2;i++)
      if(x%i==0)  y=y+i;
  return y;
}
void main()
{ FILE *fp; long a,b,c,k=0;
  /****考生在以下空白处写入执行语句******/




  /****考生在以上空白处写入执行语句******/
  printf("%d\n",k);
  fp=fopen("CD1.dat","wb");
  fwrite(&k,4,1,fp);
  fclose(fp);
}
```

18. x 与函数值都取 double 类型，对 1，1.5，2，2.5，……，9.5，10，求函数 f(x)的最大值。f(x)=x−10cos(x)−5sin(x)

```
#include <stdio.h>
#include <math.h>
```

```
/****考生在以下空白处声明函数 f ******/



/****考生在以上空白处声明函数 f ******/
void main()
{ FILE *fp; double x,max;
  /****考生在以下空白处写入执行语句******/




  /****考生在以上空白处写入执行语句******/
  printf("%f\n",max);
  fp=fopen("CD2.dat","wb");
  fwrite(&max,8,1,fp);
  fclose(fp);
}
```

19. 数组元素 x[i]、y[i]表示平面上某点坐标，统计 10 个点中哪些点、有几个点落在圆心为（1，−0.5），半径为 5 的圆内。

```
#include <stdio.h>
#include <math.h>
#define f(x,y) (x-1)*(x-1)+(y+0.5)*(y+0.5)
void main()
{ FILE *fp; long i,k=0;
  float x[10]={1.1,3.2,-2.5,5.67,3.42,-4.5,2.54,5.6,0.97,4.65};
  float y[10]={-6,4.3,4.5,3.67,2.42,2.54,5.6,-0.97,4.65,-3.33};
  /****考生在以下空白处写入执行语句 ******/




  /****考生在以上空白处写入执行语句 ******/
  printf("%d\n",k);
  fp=fopen("CD1.dat","wb");
  fwrite(&k,4,1,fp);
  fclose(fp);
}
```

20. 统计满足条件 $x^2+y^2+z^2=2013$ 的所有正整数解的个数（若 a、b、c 是其中的 1 个解，则 a、c、b 也是 1 个解）。

```
#include <stdio.h>
void main()
{ FILE *fp; long x,y,z,k=0;
  /****考生在以下空白处写入执行语句******/




  /****考生在以上空白处写入执行语句******/
  printf("%ld\n",k);
```

```
    fp=fopen("CD1.dat","wb");
    fwrite(&k,4,1,fp);
    fclose(fp);
}
```

21. 编制函数 f，函数原型为 double f（double*，double，int)，用于计算下列代数表达式的值：$a_0+a_1x+a_2x^2+a_3x^3+\cdots\cdots a_{n-1}x^{n-1}$。函数 main 提供了一个测试用例，计算在 x=1.5 时一元九次代数多项式的值。

```
#include <stdio.h>
#include <math.h>
/****考生在以下空白处编写函数 f******/




/****考生在以上空白处写入语句 ******/
void main()
{ FILE *fp; double y;
  double b[10]={1.1,3.2,-2.5,5.67,3.42,-4.5,2.54,5.6,0.97,4.65};
  y=f(b,1.5,10);
  printf("%f\n",y);
  fp=fopen("CD2.dat","wb");
  fwrite(&y,8,1,fp);
  fclose(fp);
}
```

22. 计算并显示表达式 1+2!+3!+……+12!的值。

```
#include <stdio.h>
void main()
{ FILE *fp; long i,y=1,jc=1;
  /****考生在以下空白处写入执行语句******/




  /****考生在以上空白处写入执行语句******/
  printf("%ld\n",y);
  fp=fopen("CD1.dat","wb");
  fwrite(&y,4,1,fp);
  fclose(fp);
}
```

23. 编写函数 f，判断与形参相应的实参是否是回文数，是则返回 1，否则返回 0。要求显示 11 至 999 之间的所有回文数（各位数字左右对称），并显示总个数。提示：先判断 n 是 2 位数还是 3 位数，再判断 n 是否是回文数。

```
#include <stdio.h>
/*****考生在以下空白处编写函数 f ******/
```

```
/*****考生在以上空白处编写函数 f ******/
#include <math.h>
void main()
{ FILE *fp; int i; long k=0;
  for(i=11;i<1000;i++)
      if(f(i)) { printf("%5d",i);k++; if(k%10==0) putchar('\n');}
  putchar('\n');
  printf("%d\n",k);
  fp=fopen("CD2.dat","wb");
  fwrite(&k,4,1,fp);
  fclose(fp);
}
```

24. 数列第 1 项为 81，此后各项均为它前 1 项的正平方根，统计该数列前 30 项之和。

```
#include <stdio.h>
#include <math.h>
void main()
{ FILE *fp; double sum,x; int i;
  /****考生在以下空白处写入执行语句******/



  /****考生在以上空白处写入执行语句******/
  printf("%f\n",sum);
  fp=fopen("CD1.dat","wb");
  fwrite(&sum,8,1,fp);
  fclose(fp);
}
```

25. 计算并显示满足条件 $1.05^n < 10^6 < 1.05^{n+1}$ 的 n 值以及 1.05^n。

```
#include <stdio.h>
#include <math.h>
void main()
{ FILE *fp; double a=1.05; long n=1;
  /****考生在以下空白处写入执行语句******/



  /****考生在以上空白处写入执行语句******/
  printf("%d %.4f\n",n,a);
  fp=fopen("CD1.dat","wb");
  fwrite(&a,8,1,fp);
  fclose(fp);
}
```

26. x，y 为取值在区间[0,10]的整数，计算并显示函数 f(x,y)在区间内取值最小点(x1,y1)。

f(x,y)=3(x−5)x+x(y−6)+(y−7)y。

```
#include <stdio.h>
long f(long x,long y)
{
    return 3*(x-5)*x+x*(y-6)+(y-7)*y;
}
void main()
{ FILE *fp; long min,x1,y1,x,y;
  /****考生在以下空白处写入执行语句******/




  /****考生在以上空白处写入执行语句******/
  printf("%d(%d,%d)\n",min,x1,y1);
  fp=fopen("CD2.dat","wb");
  fwrite(&min,4,1,fp);fwrite(&x1,4,1,fp);
  fwrite(&y1,4,1,fp);
  fclose(fp);
}
```

27. 计算 1−1/3!+1/5!−1/7!+……的和直到末项的绝对值小于 10^{-10} 时为止。

```
#include <stdio.h>
#include <math.h>
void main()
{ FILE *fp; double y,t=1;int i=1;
  /****考生在以下空白处写入执行语句******/




  /****考生在以上空白处写入执行语句******/
  printf("%f\n",y);
  fp=fopen("CD1.dat","wb");
  fwrite(&y,8,1,fp);
  fclose(fp);
}
```

28. 将数组 a 的每 1 行均除以该行上的主对角线元素。说明：第 1 行同除以 a[0][0]，第 2 行同除以 a[1][1]……。

```
#include <stdio.h>
#include <math.h>
void main()
{ FILE *fp; double c; int i,j;
  double a[3][3]={{1.3,2.7,3.6},{2,3,4.7},{3,4,1.27}};
  /****考生在以下空白处写入执行语句******/
```

```
/****考生在以上空白处写入执行语句******/
for(i=0;i<3;i++) {
    for(j=0;j<3;j++) printf("%7.3f ",a[i][j]);
    putchar('\n');
    }
fp=fopen("CD2.dat","wb");
fwrite(*a+8,8,1,fp);
fclose(fp);
}
```

29. 计算并显示平面上 5 点间距离总和，程序中 x[i]，y[i]表示其中 1 个点的 x，y 坐标，要求用二重循环实现。

```
#include <stdio.h>
#include <math.h>
void main()
{ FILE *fp; double s,x[5]={-1.5,2.1,6.3,3.2,-0.7};
  double y[5]={7,5.1,3.2,4.5,7.6}; int i,j;
  /****考生在以下空白处写入执行语句******/



  /****考生在以上空白处写入执行语句******/
  printf("%f\n",s);
  fp=fopen("CD1.dat","wb");
  fwrite(&s,8,1,fp);
  fclose(fp);
}
```

30. 将字符串 s 中的所有字符按 ASCII 码值升序排列。

```
#include <stdio.h>
#include <string.h>
void main()
{
    FILE *fp; int i,j,k,n;
    char s[]="Windows Office", c;
    n=strlen(s);
    /****考生在以下空白处写入执行语句******/




    /****考生在以上空白处写入执行语句******/
    puts(s);
    fp=fopen("CD2.dat","wb");
    fwrite(s,1,n,fp);
    fclose(fp);
}
```

上机模拟试题参考答案

一、程序填空题

1. （1）int m,n,k
   （2）break
   （3）k=(m>n)?n:m
   （4）||
2. （1）int *m
   （2）i<*m
   （3）a[j]=a[j+1]
   （4）f(x,&n)
3. （1）ctype.h
   （2）int i=0
   （3）strcpy
   （4）else
4. （1）%lf
   （2）a[i]/10
   （3）fabs(a[0]-v)
   （4）x=a[i]
5. （1）math.h
   （2）m!=0
   （3）m=m/10
   （4）y
6. （1）f(x)
   （2）f(0.0)
   （3）x=x+0.5
   （4）max=f(x)
7. （1）−1
   （2）k=0
   （3）m=m/10
   （4）n,k
8. （1）string.h
   （2）i=0
   （3）s+i,s+i+1
   （4）else
9. （1）ctype.h
   （2）gets(s);
   （3）s[i]!='\0'
   （4）isspace(s[i])

10.（1）s[i]='0'
  （2）m=m<<1
  （3）Dec2Bin(n,a)
  （4）puts(a)
11.（1）b,1.7,5
  （2）float *a,float x,int n
  （3）a[0]
  （4）return y;
12.（1）f(24)
  （2）long f(int n)
  （3）return 1
  （4）f(n−2)+f(n−1)
13.（1）a[i]==b[j]
  （2）j==7
  （3）break
  （4）b[i]
14.（1）n>0
  （2）t=1
  （3）! F
  （4）t=t*2
15.（1）int *pa, int *pb
  （2）a>b
  （3）&b,&c
  （4）a>b

二、程序改错题

1.（1）&n
  （2）j<=i
  （3）i-j+1
  （4）a[i][j]
2.（1）int i=0;
  （2）'\0'
  （3）s1[i+j]=s2[j];
  （4）'\0'
3.（1）N
  （2）min=i;
  （3）a[j]<a[min]
  （4）'\n'
4.（1）0
  （2）%lf%lf

（3）t=-t*x/i;

（4）>=

5.（1）int n,s=0;

（2）n=n<0?-n:n;

（3）while(n>0){

（4）s=s+n%10;

6.（1）&a,&n

（2）t=0;

（3）i<=n

（4）s=t+s;

7.（1）int i,j;

（2）for(i=0;i<6;i++)

（3）if(a[i]==b[j]) break;

（4）if(j<7)

8.（1）char a[7]="a2 汉字";

（2）for(i=0;a[i]!='\0';i++) {

（3）else putchar('0');

（4）a[i]=a[i]<<1;

9.（1）scanf("%d",&n);

（2）i=2;

（3）while(n>1)

（4）n=n/i;

10.（1）if(n==0)

（2）return x*f(x,n−1);

（3）if(m<0) break;

（4）z=f(y,m);

11.（1）void DtoH(int n)

（2）if(k<10)

（3）putchar(k−10+'a');

（4）DtoH(a[i]);

12.（1）struct axy *a;

（2）scanf("%d",&n);

（3）for(i=0;i<n;i++)

（4）printf("%f\n",a[i].y);

13.（1）for(i=1;i<=10;i++) {

（2）scanf("%f",&x);

（3）if(i==1)

（4）max,min

14.（1）gets(str);

（2）flag=!flag;

  （3）strcpy(str+i,str+i+1);

  （4）continue;

15.（1）中文双引号改成西文双引号

  （2）scanf("%d",&mm);

  （3）for(i=0 ;a[i]!='\0';i++)

  （4）a[i]=a[i]^mm;

三、程序设计题

1. 【参考程序】

```
/****考生在以下空白处写入执行语句******/
f(c,3,3);
for(i=0;i<3;i++)
{ for(j=0;j<3;j++)
    printf("%lf ",a[i][j]);
  printf("\n");}
/****考生在以上空白处写入执行语句******/
```

2. 【参考程序】

```
/****考生在以下空白处写入执行语句******/
x=0;
for(i=0;a[i]!='\0';i++)
    if(a[i] < 'A' || a[i] > 'Z')
        x+=a[i];
/****考生在以上空白处写入执行语句******/
```

3. 【参考程序】

```
/****考生在以下空白处写入语句 ******/
double y=0;
for(i=2;i<=10;i++)
    y+=sqrt(i);
/****考生在以上空白处写入语句 ******/
```

4. 【参考程序】

```
/****考生在以下空白处写入执行语句 ******/
for(i=2;i<40;i++)
 { a[i]=a[i-2]+a[i-1];
   s+=a[i];
 }
/****考生在以上空白处写入执行语句 ******/
```

5. 【参考程序】

```
/****考生在以下空白处写入执行语句******/
s=v=0;
for(i=0;i<10;i++)
    v+=a[i];
v/=10;
for(i=0;i<10;i++)
    if(a[i]>=v) s+=a[i];
/****考生在以上空白处写入执行语句******/
```

6. 【参考程序】

```
/****考生在以下空白处写入执行语句 ******/
double s=0;
for(i=0;i<10;i++)
    s+=sqrt((x[i]-1)* (x[i]-1)+ (y[i]-1)* (y[i]-1));
/****考生在以上空白处写入执行语句 ******/
```

7. 【参考程序】

```
/*****考生在以下空白处编写函数 f ******/
double f(double *a,double x, int n)
{ double y=a[0];int i;
  for(i=1;i<n;i++)
    y+=a[i]*sin(pow(x,i));
  return y;}
    /****考生在以上空白处编写函数 f ******/
```

8. 【参考程序】

```
/****考生在以下空白处声明函数 f ******/
double f(int x, int y)
{ return  (3.14*x-y)/(x+y);}
/****考生在以上空白处声明函数 f ******/
void main()
{ FILE *fp; double min; int i,j,x1,y1;
/****考生在以下空白处写入执行语句******/
x1=y1=1;
 for(i=1;i<=6;i++)
   for(j=1;j<=6;j++)
     if(f(i,j)<f(x1,y1))
       { x1=i;y1=j;}
 min=f(x1,y1);
/****考生在以上空白处写入执行语句******/
```

9. 【参考程序】

```
/****考生在以下空白处写入执行语句******/
for(i=1;i<=20;i++)
   if(20.0/i==(int)(20/i))
      { x[n][0]=i; x[n][1]= 20/i; n++;}

/****考生在以上空白处写入执行语句******/
```

10. 【参考程序】

```
/****考生在以下空白处写入执行语句******/
for(i=0;i<n;i++)
   a[i]=s[i]*(i+1);
/****考生在以上空白处写入执行语句******/
```

11. 【参考程序】

```
/**考生在以下空白处写入执行语句,编写函数 f 判断与形参相应的实参是否是素数**/
int f(int n)
{ int i;
  for(i=2;i<=sqrt(n);i++)
    if(n%i==0) return 0;
  return 1;
```

```
}
/*****考生在以上空白处编写函数 f *************/
/****考生在以下空白处写入执行语句******/
for(i=500;i<=800;i++)
   if(f(i)==1){
      k++;
      s+=i;
   }
/****考生在以上空白处写入执行语句******/
```

12. 【参考程序】

```
/****考生在以下空白处写入执行语句 ******/
for(i=0;i<10;i++)
    for(j=i+1;j<10;j++)
    {
       d= len(x[i],y[i],x[j],y[j]);
       if(d<min)
          min= d;
    }

/****考生在以上空白处写入执行语句 ******/
```

13. 【参考程序】

```
/*****考生在以下空白处写入执行语句 ******/
v=0;
for(i=0;i<10;i++)
    v+=x[i];
v=v/10;
y=x[0];
for(i=1;i<10;i++)
{
   d= fabs(v-x[i]);
   if(d < fabs(v-y)) y=x[i];
}
/****考生在以上空白处写入执行语句 ******/
```

14. 【参考程序】

```
/****考生在以下空白处写入执行语句 ******/
for(i=1;;i++)
   if(i%3==1 && i%5==3 && i%7==5 && i%9==7) break;
/****考生在以上空白处写入执行语句 ******/
```

15. 【参考程序】

```
/****考生在以下空白处写入执行语句 ******/
for(i=2;i<=40;i++)
{
   f=f1+f2;
   f1=f2;
   f2=f;
   y=y+f2/f1;
}
/****考生在以上空白处写入执行语句 ******/
```

16. 【参考程序】

```
/****考生在以下空白处写入语句 ******/
```

```
for(i=0;i<m;i++)
    for(j=0;j<n;j++)
        if(max<a[i][j]){
            max=a[i][j];
            *mm=i;
            *nn=j;
            }
/****考生在以上空白处写入语句 ******/
/****考生在以下空白处写入调用语句 ******/
f(c,3,3,&ii,&jj);
/****考生在以上空白处写入调用语句 ******/
```

17. 【参考程序】

```
/****考生在以下空白处写入执行语句******/
for(a=6;a<=5000;a++)
{
  b=f(a);
  c=f(b);
  if(a==c && b!=a)
  {
     printf("%d,%d\n",a,b);
     k++;
  }
}
/****考生在以上空白处写入执行语句******/
```

18. 【参考程序】

```
/****考生在以下空白处声明函数 f ******/
double f(double x)
{
    return(x-10*cos(x)-5*sin(x));
}
/****考生在以上空白处声明函数 f ******/
/****考生在以下空白处写入执行语句******/
max=f(1);
for(x=1.5;x<=10;x=x+0.5)
    if(max<f(x)) max=f(x);
/****考生在以上空白处写入执行语句******/
```

19. 【参考程序】

```
/****考生在以下空白处写入执行语句 ******/
for(i=0;i<10;i++)
    if(sqrt(f(x[i],y[i]))<=5)
    {
        printf("%f,%f\n",x[i],y[i]);
        k++;
    }
/****考生在以上空白处写入执行语句 ******/
```

20. 【参考程序】

```
/****考生在以下空白处写入执行语句******/
for(x=1;x<=45;x++)
    for(y=1;y<=45;y++)
        for(z=1;z<=45;z++)
            if(x*x+y*y+z*z==2013)k++;
```

/****考生在以上空白处写入执行语句******/

21. 【参考程序】

```
/****考生在以下空白处编写函数 f******/
double f (double *a, double x, int n)
{
    double s=0;
    int i;
    for(i=0;i<n;i++)
        s=s+a[i]*pow(x,i);
    return(s);
}
/****考生在以上空白处写入语句 ******/
```

22. 【参考程序】

```
/****考生在以下空白处写入执行语句******/
for(i=2;i<=12;i++)
{
    jc=jc*i
    y=y+jc;
}
/****考生在以上空白处写入执行语句******/
```

23. 【参考程序】

```
/*****考生在以下空白处编写函数 f ******/
int f(int x)
{
  if(x<100)
    if(x%10==x/10) return(1);
    else return(0);
  else
    if(x%10==x/100) return(1);
    else return(0);
}
/*****考生在以上空白处编写函数 f ******/
```

24. 【参考程序】

```
/****考生在以下空白处写入执行语句******/
sum=0;x=81;
for(i=1;i<=30;i++)
{
    sum+=x;
    x=sqrt(x);
}
/****考生在以上空白处写入执行语句******/
```

25. 【参考程序】

```
/****考生在以下空白处写入执行语句******/
while(pow(a,n)<pow(10,6)) n++;
n=n-1;
a=pow(a,n);
/****考生在以上空白处写入执行语句******/
```

26. 【参考程序】

/****考生在以下空白处写入执行语句******/

```
min=f(0,0);
x1=y1=0;
for(x=0;x<=10;x++)
    for(y=0;y<=10;y++)
        if(f(x,y)<min)
        {
            min=f(x,y);
            x1=x;
            y1=y;
        }
/****考生在以上空白处写入执行语句******/
```

27. 【参考程序】

```
/****考生在以下空白处写入执行语句******/
y=t;
while(fabs(t) >= pow(10,-10)){
    t=-1*t/((i+1)*(i+2));
    y=y+t;
    i=i+2;
}
/****考生在以上空白处写入执行语句******/
```

28. 【参考程序】

```
/****考生在以下空白处写入执行语句******/
for(i=0;i<3;i++)
{
    c=a[i][i];
    for(j=0;j<3;j++)
        a[i][j]= a[i][j]/c;
}
/****考生在以上空白处写入执行语句******/
```

29. 【参考程序】

```
/****考生在以下空白处写入执行语句******/
 s=0;
 for(i=0;i<5;i++)
    for(j=i+1;j<5;j++)
        s+=sqrt((x[i]-x[j])*(x[i]-x[j])+(y[i]-y[j])*(y[i]-y[j]));
 /****考生在以上空白处写入执行语句******/
```

30. 【参考程序】

```
/****考生在以下空白处写入执行语句******/
for(i=0;i<n-1;i++)
{
    k=i;
    for(j=i+1;j<n;j++)
        if(s[j]<s[k])k=j;
    c=s[i];s[i]=s[k];s[k]=c;
}
/****考生在以上空白处写入执行语句******/
```

参考文献

[1] 郭伟青，赵建锋，何朝阳. C 程序设计学习指导[M]. 北京：清华大学出版社，2017.

[2] 谭浩强. C 程序设计[M]. 5 版. 北京：清华大学出版社，2017.

[3] 谭浩强. C 程序设计（第五版）学习辅导[M]. 北京：清华大学出版社，2017.

[4] C 编写组. 常用 C 语言用法速查手册[M]. 北京：龙门书局，1995.

[5] Brian W. Kernighan，Dennis M. Ritchie. The C Programming Language（Second Edition）[M]. 北京：机械工业出版社，2006.

[6] 谭浩强. C 程序设计题解与上机指导[M]. 3 版. 北京：清华大学出版社，2005.

[7] Herbert Schildt. ANSI C 标准详解[M]. 王曦若，李沛译. 北京：学苑出版社，1994.

反侵权盗版声明